全く何の経験もツテもない自分が

狩猟するのなんて無理だと思っていませんか？

実は大丈夫なんです！

全国狩猟免許研究会

Guidebook for Hunting

ハンターへのライセンス

狩猟免許試験
【第一種・二種銃猟】

絶対合格テキスト&予想模試3回分

短期間で**合格**レベルに!

執筆：全国狩猟免許研究会

秀和システム

CONTENTS

巻頭特集「狩猟鳥獣」 6

● 陸ガモ類① 6
● 陸ガモ類② 7
● 海ガモ類 8
● 狩猟鳥と誤認されやすいカモ類 9
● 水鳥類、狩猟鳥と誤認されやすい水鳥類 10
● 陸生鳥類① 11
● 陸生鳥類② 12
● 陸生鳥類③ 13
● 大型獣類 14
● ニホンジカと狩猟獣と誤認されやすい獣類 15
● 中型獣①、イエイヌ・イエネコ 16
● 中型獣②・小型獣 18

まえがき 20

第1編　狩猟免許試験の概要と編集方針 23

● 第1章　銃猟をはじめるまでの流れ 24
● 第2章　狩猟免許試験の実施状況 28
● 第3章　本書の編集方針 30

第2編　筆記試験対策 37

● 第1章　鳥獣法の要点 38
　　1−1　鳥獣の保護及び管理並びに狩猟の適正化に関する法律の目的 38
　　1−2　狩猟鳥獣、猟具、狩猟期間等 39
　　1−3　狩猟免許制度 43
　　1−4　狩猟者登録制度 49
　　1−5　狩猟者の狩猟に伴う義務（違法捕獲物の譲渡禁止を含む） 52
　　1−6　狩猟鳥獣の捕獲が禁止又は制限される場所、方法、種類等 54
　　1−7　鳥獣捕獲等の許可、鳥獣の飼養許可並びにヤマドリ及び
　　　　　オオタカの販売禁止 68
　　1−8　猟区 72
　　コラム　猟銃・空気銃所持許可の要点 74

● 第2章　猟具に関する知識 ··· 75
　　2-1　装薬銃、空気銃の種類、構造及び機能 ······················· 75
　　2-2　装薬銃、空気銃及び実包の取扱い（注意事項を含む）··········· 90
　　コラム　狩猟の服装と装備 ·· 102
● 第3章　鳥獣に関する知識 ··· 103
　　3-1　狩猟鳥獣及び狩猟鳥獣と誤認されやすい鳥獣の形態
　　　　　（獣類にあっては足跡の判別を含む）·························· 103
　　3-2　狩猟鳥獣及び狩猟鳥獣と誤認されやすい鳥獣の形態（習性、食性等）
　　　　　 ··· 111
　　3-3　鳥獣に関する生物学的な一般知識 ···························· 121
　　コラム　狩猟鳥獣の変遷 ·· 133
● 第4章　鳥獣の保護及び管理に関する知識 ························· 134
　　4-1　鳥獣の保護管理（個体数管理、被害防除対策、生息環境管理）の概要
　　　　　 ··· 134
　　4-2　錯誤捕獲の防止 ··· 138
　　4-3　鉛弾による汚染の防止（非鉛弾の取扱い上の留意点）··········· 138
　　4-4　人畜共通感染症の予防 ······································· 141
　　4-5　外来生物対策 ··· 142
　　コラム　アンケートに寄せられた狩猟者の声 ······················ 144

第3編　実技試験対策

145
● 第1章　実技試験の実施基準 ······································· 146
● 第2章　銃器の点検、分解及び結合 ································· 151
● 第3章　圧縮等、装填、射撃姿勢 ··································· 159
● 第4章　団体行動の場合の銃器の保持、銃器の受け渡し ·············· 165
● 第5章　休憩時の銃器の取扱い ····································· 173
● 第6章　距離の目測 ··· 175
● 第7章　鳥獣の判別 ··· 177

予想模擬試験

● 予想模擬試験1と解答 ··· 179
● 予想模擬試験2と解答 ··· 197
● 予想模擬試験3と解答 ··· 215

白い首環

オレンジ色のくちばし。一部は黒い

黄色いくちばし
先端は黒色

足がオレンジ

♂

♀

マガモ

くちばしが黒い
先端だけ黄色

目の周りが緑色

狩猟鳥のカモ類の
中で最小種

♀

雌雄同色

足がオレンジ

♂

カルガモ

コガモ

首から頭にかけて
白い線が通る

尾羽が長い

♂

♀

オナガガモ

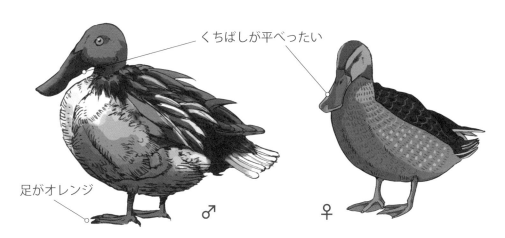

くちばしが平べったい

足がオレンジ

♂　　　　　♀

ハシビロガモ

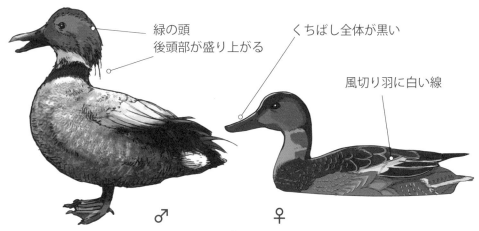

緑の頭
後頭部が盛り上がる

くちばし全体が黒い

風切り羽に白い線

♂　　　　　♀

ヨシガモ

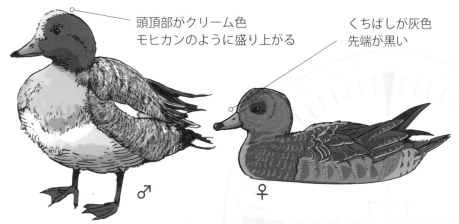

頭頂部がクリーム色
モヒカンのように盛り上がる

くちばしが灰色
先端が黒い

♂　　　　　♀

ヒドリガモ

茶色い頭部と赤い目
羽はゴマ塩柄

くちばしの一部に灰色の線

羽がゴマ塩柄

♂　　♀

ホシハジロ

キンクロハジロに似るが冠羽がない

くちばしの周りが白い

眼は金色、頭は黒（深緑）、羽は白い

スズガモ♀に似るが
背中が茶色っぽい

♀

♀

♂

♂

スズガモ　　　　キンクロハジロ

全体的に真っ黒

くちばしの付け根に
黄色いコブ

クロガモ

狩猟鳥と誤認されやすいカモ類

マガモのメスに似る
くちばしの上部が黒い

眼が金色、頭が深緑なので
スズガモやキンクロハジロと間違えやすい

オカヨシガモ♀

ホオジロガモ ♂ ♀

小型のカモなのでコガモとの判別に要注意
特にコガモの♀は、トモエガモ・シマアジの♀と判別しにくい

トモエガモ ♂ ♀

シマアジ♀

羽が真っ黒なので
クロガモと見間違えやすい

カイツブリ科、アイサ属の水鳥は非狩猟鳥
他種カモの群れに混じることがある

ビロードキンクロ

カイツブリ

ウミアイサ

くちばしから
眼の周りにかけて
黄色い

羽は黒いが、
光の加減で
深緑色に見える

カワウ

頬の白い部分がカワウより斜めに上がる
くちばしの黄色い部分が鋭角

ウミウ

くちばしの根本が赤い

水かきがない

バン

くちばしの根元に白い
盛り上がりがある

オオバン

水辺に生息する『サギ類』はすべて非狩猟鳥

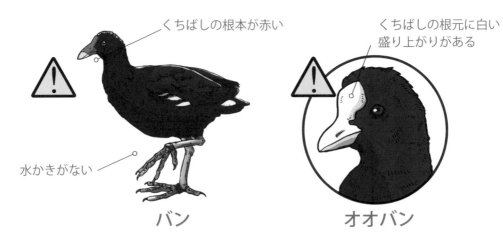

アオサギ　　　**ゴイサギ**　　　**ササゴイ**

狩猟鳥（陸生鳥類①）

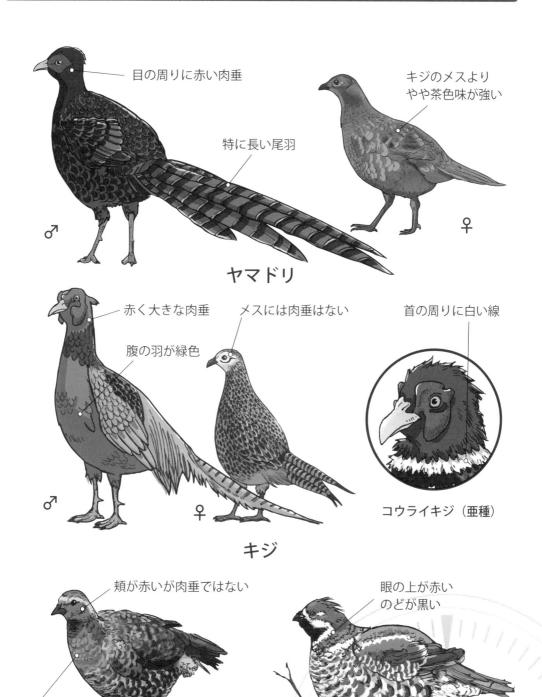

目の周りに赤い肉垂

キジのメスより
やや茶色味が強い

特に長い尾羽

♂

♀

ヤマドリ

赤く大きな肉垂

メスには肉垂はない

首の周りに白い線

腹の羽が緑色

♂

♀

キジ

コウライキジ（亜種）

頬が赤いが肉垂ではない

眼の上が赤い
のどが黒い

青灰色

コジュケイ

エゾライチョウ

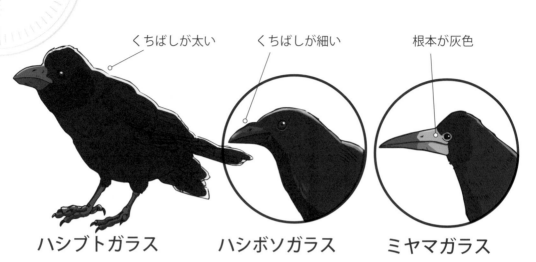

くちばしが太い　　くちばしが細い　　根本が灰色

ハシブトガラス　　ハシボソガラス　　ミヤマガラス

カラスとの見間違いに注意

ミヤマガラスの群れに
混じることがあるので注意

カササギ（カチガラス）　　　　コクマルガラス

首に白黒の縞模様　　　明るい黄緑色　　　首に緑と紫の光沢

キジバト　　　　アオバト　　　　カワラバト

狩猟鳥（陸生鳥類③）

くちばしと足がオレンジ色

ほほが赤い

尾が長いので
ヒヨドリとの
見間違えに注意

ムクドリ

ヒヨドリ

オナガ

頭が三角で、眼が頭頂部に近い

長くて細いくちばし

オオジシギ
チュウジシギ
ハリオシギ
アオシギなど
判別が難しい
別種が多い
ので注意

ヤマシギ

タシギ

ほほの色が黒い

スズメよりも茶色味が強い
狩猟鳥で最小種

眼に黒い線が通る
ムクドリやヒヨドリとの
見間違えに注意

スズメ

ニュウナイスズメ

ツグミ

狩猟獣（大型獣類）

日本に生息する
陸上生物で最大種

明確に色がわかれて
いないものが多い

ヒグマ

首のまわりに
白い V 字の毛

ツキノワグマ

鼻が長い

幼体のイノシシは縞模様があり
「ウリボウ」と呼ばれる

オスは長い牙を持つ

イノシシ

狩猟獣（ニホンジカ）と狩猟獣と誤認されやすい獣類

オスは長い枝角を持つ。メスに角はない。
北に生息する亜種の方が体が大きくなる

尻が白い

♂

♂

♀

夏毛は白い斑点模様

冬毛は暗い色

エゾジカ（亜種）　　　　　ホンシュウジカ（亜種）

ニホンジカ

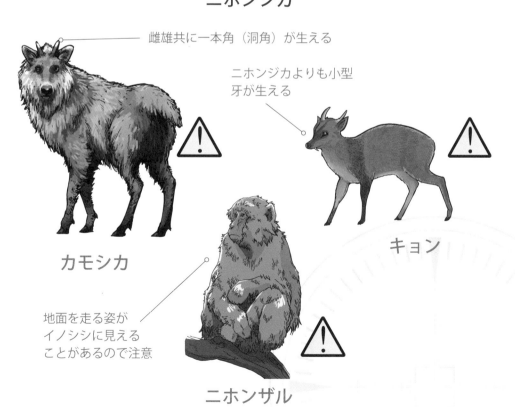

雌雄共に一本角（洞角）が生える

ニホンジカよりも小型
牙が生える

カモシカ

キョン

地面を走る姿が
イノシシに見える
ことがあるので注意

ニホンザル

タヌキ

キツネ

アナグマ

アライグマ

ハクビシン

ヌートリア

イエイヌ（亜種）

イエネコ（亜種）

眼の周りから首、
脇、足にかけて黒い。
鼻の筋は黒くない。

タヌキ

尾が太くて長い。
体色は黄色味を
帯び、腹側は白い。

キツネ

眼の周りだけが黒い。
手のひらがスコップ
のように平べったい

アナグマ

眼の周り、鼻筋が
黒い。尻尾は縞模様。
長い指を持つ。

アライグマ

鼻の先がピンク色。
鼻筋にかけて白い線。
長い尻尾を持つ。

ハクビシン

オレンジ色の大きな
前歯を持つ。後ろ足
に水かきを持つ。

ヌートリア

体格・毛色などは
品種差が大きい。
野生化した個体は
『ノイヌ』と呼ばれ、
狩猟鳥獣に含まれる。

イエイヌ（亜種）

体格・毛色などは
品種差が大きい。
野生化した個体は
『ノネコ』と呼ばれ、
狩猟鳥獣に含まれる。

イエネコ（亜種）

ノウサギよりも
体がやや大きい
冬場に白く換毛する

ノウサギも
雪が多い地方では
白く換毛する

ユキウサギ   ノウサギ

冬毛は顔が白っぽくなる
黄色い個体（キテン）と
褐色の個体（スステン）がおり、
生息地域などで異なる

テン

イタチ・シベリアイタチ

ミンク

毛色は光沢のある
暗褐色だが個体差に
よって色合いは
大きく変わる

イタチの尻尾は体長の半分以下
メスはオスの半分から2/3程度の大きさ

体長の半分

イタチ♂

⚠️ イタチ♀

シベリアイタチ

イタチよりもやや明るい色。
シベリアイタチの♀は狩猟鳥獣に含まれる

⚠️

腹側が白い　　耳が丸い　　全身が灰褐色　　狩猟獣で最小種
　　　　　　　　　　　　　　　　　　　　　　暗褐色の縦縞

ニホンリス　　　　タイワンリス　　　　シマリス

19

合格だけを目指さない、狩猟を続けていくための〝知識〟を身に付けましょう！

　かつては５０万人以上もいた狩猟者が年々減少し、ついに２０万人を割ったことで「将来的に狩猟者は絶滅する！」とまで危ぶまれた狩猟業界ですが、近年では狩猟免許所持者数が増加するなど、よい方向に流れが変わりつつあります。その理由として最も大きいと考えられるのが、イノシシやニホンジカなどによる農林水産業被害の防除活動が増えてきたためですが、「狩猟」や「ジビエ」という言葉が様々なメディアで紹介されるようになったことで、若い人たちの注目を集めるようになったというのも、大きな理由の一つだと考えられます。

　このようによい流れが生まれつつある狩猟の世界ですが、一方で『違反狩猟者の増加』という負の面も急浮上しています。近年では狩猟の光景や捕獲した獲物をSNS等にアップロードする人が多くいます。もちろん、この行為自体は〝狩猟の楽しみを共有する〟という目的で何も悪いことはないのですが、中には、その行為や捕獲した鳥獣が〝違反〟だと気付かずに写真を上げてしまう人も少なくありません。このような違反を犯すと狩猟免許が取り消されるだけでなく、罰金刑、懲役刑といった前科のつく重たい刑罰に処される可能性があります。特に〝銃猟〟の世界は〝たった一つの過ち〟で自分と相手の人生を大きく狂わしてしまう恐ろしさを秘めています。このような問題が発生する危険性を少しで

も抑えるためには、何よりも狩猟に関する法律的な知識、銃器の取扱いの知識、野生鳥獣に関する知識などをしっかりと身に着けておく必要があります。

さて、狩猟の世界ではこのような知識が重要になるため〝狩猟免許試験〟が設けられています。しかし困ったことに、近年では行政の「狩猟者人口をとにかく増やそう」という意思があまりにも強いため、試験の難易度が大幅に低下しています。

先にもお話をした通り、狩猟は『違反や事故を起こさないように続ける』ことが何よりも大事です。そのため狩猟者の間では、「試験レベルの知識では、実猟レベルでは〝理解力不足〟」という意見も多く聞かれます。

そこで本書では、あくまでも目的を『狩猟免許試験合格』としたうえで、『狩猟者は必ず覚えておかなければならない要点』を解説したり、『試験対策程度では説明不十分な点』を補完するように構成しています。そのため本書は試験対策としては解説のボリュームが多く、例題の難易度は高くなっていますが、試験合格に加えて是非とも〝実猟的な知識の習得〟を目指してください。

皆さまの無違反・無事故で楽しいハンティングライフを応援しております。

全国狩猟免許研究会　一同

第1編.

狩猟免許試験の
概要と編集方針

この章では、狩猟を始めるために必要な免許の種類と、狩猟免許試験の内容について解説をします！

第1章.

銃猟をはじめるまでの流れ

銃猟を始めるまでの基礎知識

①銃猟を始めるための２つの資格

　銃器を使って狩猟（銃猟）を行うためには、『狩猟免許試験』と『猟銃・空気銃の所持許可』という２つの資格を手に入れなければなりません。まずはこの２つの違いについて把握しておきましょう

資格名称	狩猟免許	猟銃・空気銃所持許可
実施主体	都道府県知事	都道府県公安委員会
内容	装薬銃・空気銃で狩猟をする場合は『第一種銃猟免許試験』、空気銃のみの場合は『第二種銃猟免許試験』を受験し、合格する。	猟銃等講習会（初心者講習）を受講し考査に合格する。猟銃（散弾銃やライフル銃）を所持したい場合は教習射撃を受けて考査に合格する。必要書類を集めて都道府県公安委員会に猟銃もしくは空気銃の所持許可を申請し、許可を受けて銃器を所持する。

②まずは『猟銃・空気銃の所持許可』から始めたほうがよい

　「今年中に銃猟をはじめたい」という人は、上記２つの資格を狩猟期間（北海道の場合は１０月１日から翌年の１月３１日、北海道以外では１１月１５日から翌年の２月１５日）までに取得しておきましょう。

　どちらを先に受けても問題ありませんが、一般的にどの都道府県でも「狩猟免許試験より猟銃等講習会のほうが難易度が高い」と言われているので、猟銃・空気銃の所持許可から始めることをおすすめします。

　所持許可の申請は、あなたの私生活や周囲の人の状況によって公安委員会から「所持できない」と判断されることもあります。この場合は銃猟の免許を取得しても無駄になってしまいます。もし銃が所持できなかった場合は、わな猟や網猟への切り替えを検討してみましょう。

狩猟免許試験の申請

①試験日程や受験申請の方法を調査する

　狩猟免許試験の受験申請を行う前に、まずは試験の日程と申請方法などを調査しましょう。狩猟免許は〝都道府県知事〟が許可を出すため、各都道府県ごとに試験の実施日・実施回数が異なります。また、近年では「受験希望者多数」という理由で〝受験申請の事前申請〟を行っていたり、〝受験者の抽選〟が行われている都道府県もあります。

　当年度の試験実施情報は、だいたい5月から6月あたりに出されます。狩猟免許試験は都道府県ごとに毎年1回は必ず開催しなければならない決まり（鳥獣法施行規則第51条）になっており、近年では少ないところでも年2回、多いところでは年10回以上開催されているようです。

　なお、猟銃・空気銃の所持許可申請は、実際に動き出してから銃器を所持できるようになるまで、平均的に〝半年〟ぐらい時間がかかります。よって狩猟期間の初めから狩猟を始めたい人は、所持許可関連の手続きを12月ごろから初めて、5，6月ぐらいに銃が所持できることが確定したら、7月8月あたりで狩猟免許を受験する、といったスケジュールで進めていきましょう。

②情報収集はインターネットで検索が簡単

　狩猟免許試験の情報は、まずはインターネットで検索してみましょう。「都道府県名＋狩猟免許試験」で検索をすると、たいていの都道府県ではWeb上で情報を公開しています。どうしても情報が見つからない場合は、都道府県庁に直接電話で聞いてみましょう。

　狩猟免許試験に関しては、近隣の猟友会に相談してみるという手もあります。近隣の猟友会の探し方は、まず「都道府県名＋猟友会」で検索をします。すると〝都道府県猟友会〟の連絡先がわかるはずなので、電話やメールで「住んでいる場所で一番近い〝支部猟友会〟はどこか」と尋ねてみてください。

　注意点として、狩猟免許試験を受けることができるのは〝住民票を置く都道府県〟です。長期出張などで『住んでいる住所』と『住民票を置いている住所』の都道府県が異なる場合は、注意してください。

③狩猟免許申請書

　狩猟免許試験受験の申請は、主に次の書類を提出します。
1．狩猟免許試験申請書
2．猟銃・空気銃所持許可証の写し（既に所持許可を取得している人のみ）
3．医師の診断書（2を提出した人は不要とされる場合がある）
4．写真（3×2.4㎝）

5．手数料

6．都道府県によっては『返信用封筒』など

　1は都道府県庁のHPからダウンロードをして記入するか、都道府県庁の窓口、近隣の銃砲店、支部猟友会などで入手してください。

　2は、すでに猟銃・空気銃の所持許可証を受けている人は、許可証の見開き1ページ目と、所持している銃器の情報が載っているページのコピーを添付します。

　3は、統合失調症や「そううつ病」、てんかん、麻薬や覚醒剤の中毒者でないことを証明する書類で、『歯科医師を除く医師の診断書』（銃所持許可では『精神保健指定医またはかかりつけの医師』の診断書が必要だが、狩猟免許試験には医療機関の定めはない。ただし都道府県によって異なる可能性がある）に作成を依頼します。法的な様式はありませんが、1の申請書と一緒に都道府県庁のHPにフォーマットがあるはずなので、それを使いましょう。

　4の写真は、縦3㎝×横2.4㎝。申請前6ヶ月以内に撮影した無帽、正面、上三分身、無背景の写真で、いわゆる『運転免許証用の証明写真』です。

　5は、免許1種類（第一種銃猟免許もしくは第二種銃猟免許）につき5,200円。すでに有効な狩猟免許（第二種銃猟、わな猟免許、網猟免許）を所持している場合、または試験の一部が免除されている場合は3,900円です。なお、自治体（市町村）によっては農林業被害防止対策として、狩猟免許受験料に対して補助金が出ているところもあるので、調べておきましょう。

　支払方法は、都道府県の〝収入証紙〟を張って納付するのが一般的ですが、近年では印紙を廃止している都道府県もあります。その場合は、現金払い、現金書留、納付書方式、コンビニ払い、クレジットカード払いなど支払方法が異なるため、それぞれの都道府県で指示する方法に従ってください。

狩猟免許試験の内容

①狩猟免許試験の法的な実施基準

　狩猟免許試験は、筆記試験、適性試験、実技試験の3つの試験で行うよう法律に定められています。また、試験は必ず筆記試験と適性試験が先に行われ、これらに合格することで実技試験を受けることができます。試験は午前中から夕方ごろまで、半日をかけて行われます。これら狩猟免許試験の実施基準は、『鳥獣の保護及び管理並びに狩猟の適正化に関する法律施行規則』（鳥獣法施行規則）に定められています。

②知識試験（鳥獣法施行規則第五十四条）

試験範囲	1. 鳥獣の保護及び管理並びに狩猟の適正化に関する法令の知識 2. 猟具の知識 3. 鳥獣の知識 4. 鳥獣の保護及び管理に関する知識
試験方法	記述式、択一式又は正誤式
合格基準	70 パーセント以上の成績であること。

③適性試験（鳥獣法施行規則第五十二条）

視力	視力が両眼で 0.7 以上であり、かつ、一眼でそれぞれ 0.3 以上であること。一眼の視力が 0.3 に満たない者又は一眼が見えない者については、他眼の視野が左右 150 度以上で、視力が 0.7 以上であること。
聴力	10 メートルの距離で、90 デシベルの警音器の音が聞こえる聴力（補聴器により補正された聴力を含む）を有すること。
運動能力	狩猟を安全に行うことに支障を及ぼすおそれのある四肢又は体幹の障害がないこと。ただし、狩猟を安全に行うことに支障を及ぼすおそれのある四肢又は体幹の障害がある者については、その者の身体の状態に応じた補助手段を講ずることにより狩猟を行うことに支障を及ぼすおそれがないと認められるものであること。

④技能試験（鳥獣法施行規則第五十三条）

第一種銃猟免許	1. 模造銃（空気銃以外の銃器を模した物をいう）について点検、分解及び結合の操作を行うこと。 2. 模造銃に模造弾を装填し、射撃姿勢をとった後模造弾の脱包を行うこと。 3. 二人以上で行動する場合における銃器の保持及び携行並びにその受渡しを模造銃を用いて行うこと。 4. 休憩の際必要な銃器の操作を模造銃を用いて行うこと。 5. 空気銃を模した物について圧縮操作をし、弾丸を用いないで装填の操作を行った後射撃姿勢をとること。 6. 距離の目測を行うこと。 7. 鳥獣の図画、写真又ははく製を見てその鳥獣の判別を瞬時に行うこと。
第二種銃猟免許	1. 空気銃を模した物について圧縮操作をし、弾丸を用いないで装填の操作を行った後射撃姿勢をとること。 2. 距離の目測を行うこと。 3. 鳥獣の図画、写真又ははく製を見てその鳥獣の判別を瞬時に行うこと。
合格基準	減点式採点方法により行うものとし、その合格基準は、70 パーセント以上の成績であることとする。

第2章.

狩猟免許試験の実施状況

猟友会基準

①『狩猟読本』に記載の猟友会基準

　狩猟免許試験の法的な実施基準は、先に挙げたように鳥獣法施行規則の第52〜54条に定められていますが、細かい試験内容や評価基準までは定められていません。しかし、各都道府県では一般社団法人大日本猟友会が刊行している『狩猟読本』という書籍がテキストとして使われており、その中では筆記試験・実技試験の基準を以下のように定めています（適性検査に関しては規則第52条と同じ）。

②知識試験

試験範囲	1．鳥獣法管理及び狩猟に関する法令 　（ア）鳥獣の保護及び管理並びに狩猟の適正化に関する法律の目的 　（イ）狩猟鳥獣・猟具・狩猟期間等 　（ウ）狩猟免許制度 　（エ）狩猟者登録制度 　（オ）狩猟鳥獣の捕獲が禁止又は制限されている場所、方法、種類等 　（カ）鳥獣捕獲等の許可、鳥獣の飼育許可並びにヤマドリ及びオオタカの販売禁止 　（キ）猟区 　（ク）狩猟者の狩猟に伴う義務（違法捕獲物の譲渡禁止を含む。） 2．猟具に関する知識 （第一種銃猟免許の場合） 　（ア）装薬銃、空気銃の種類、構造及び機能 　（イ）装薬銃、空気銃及び実包の取り扱い（注意事項を含む） （第二種銃猟免許の場合） 　（ア）空気銃の種類、構造及び機能 　（イ）空気銃の取り扱い（注意事項を含む） 3．鳥獣に関する知識 　（ア）狩猟鳥獣及び狩猟鳥獣と誤認されやすい鳥獣の形態（獣類にあっては足跡の判別を含む） 　（イ）狩猟鳥獣及び狩猟鳥獣と誤認されやすい鳥獣の生態（習性、食性等） 　（ウ）鳥獣に関する生物学的な一般知識

	4．鳥獣の保護及び管理に関する知識
	（ア）鳥獣の保護管理（個体数管理、被害防除対策、生息環境管理）の概要
	（イ）錯誤捕獲の防止
	（ウ）鉛弾による汚染の防止（非鉛弾の取り扱い上の留意点）
	（エ）人獣共通感染症
	（オ）外来生物対策
試験方法	三者択一式（問題文に対して回答が 3 つ並び、その中から正しい記述の回答を選ぶ方式）
合格基準	問題数 30 問に対して正答率 70 パーセント以上（正答数 21 問以上）

③実技試験

	（第一種銃猟免許）
	1．銃器の点検、分解及び結合
	2．装填、射撃姿勢、脱包
	3．団体行動の場合の銃器の保持、銃器の受け渡し
	4．休憩時の銃器の取り扱い
試験内容	5．空気銃の圧縮等、装填、射撃姿勢
	6．距離の目測（300m、50 m、30 mおよび 10 mの目測）
	7．鳥獣の判別（狩猟鳥獣・非狩猟鳥獣 16 種）
	（第二種銃猟免許）
	1．空気銃の圧縮等、装填、射撃姿勢
	2．距離の目測（300 m、30 mおよび 10 mの目測）
	3．狩猟鳥獣の判別（狩猟鳥獣、非狩猟鳥獣 16 種）
合格基準	100 点を持ち点とした減点方式。各項目に減点事項と減点数が設定されており、試験終了までに 70 点以上が残っていれば合格。

④狩猟免許予備講習会

　各都道府県では狩猟免許試験の 1 か月前から 1 週間前以内に、都道府県猟友会による『狩猟免許予備講習会』が開催されます。この予備講習会では、狩猟読本を元に法律、猟具、鳥獣などの解説が行われ、また実技試験に出題される模造銃や空気銃と同等の物を使用した実技試験の対策が行われます。

　ただし勘違いをしてはいけないのが、狩猟免許試験は都道府県猟友会が行っているわけではありません。試験の実施主体は都道府県なので、試験官や合否の判定を下すのは都道府県の職員です（試験会場にいる猟友会会員は試験官の補佐役）。そのため、講習会で解説があった範囲や使用した模造銃などが実際の試験と異なる可能性も十分あります。

第3章.

本書の編集方針

アンケート調査

　本書は〝全都道府県〟に使用できる狩猟免許試験の参考書籍を目指すために、全都道府県の狩猟免許所持者を対象としたアンケート調査を実施しました。アンケートは２０２３年６月２０日から７月７日の１７日間にインターネット上で行い、総回答数245から236の有効回答を得ました。アンケート調査で得られた都道府県の分布は下図の通りです。

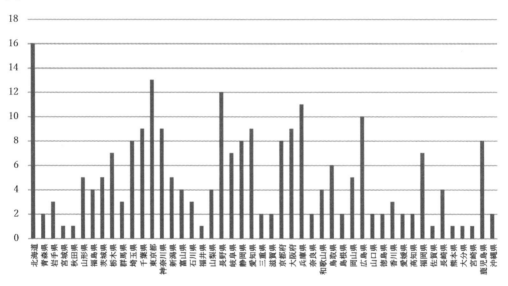

筆記試験に関するアンケート調査

①例題集の例題と試験問題との相関

　アンケート調査では、まず筆記試験の実施状況について調査を行いました。この調査では大日本猟友会刊行の『狩猟免許試験例題』が『実際に受けた筆記試験の問題』と、どの程度相関があるのか調査しました。

　結論として『試験問題は１０問中７，８問は例題集の問題と一致または類似している』といった結果を得ました。また「例題集のような形式で問題は出なかった」とする回答は無かったことから、筆記試験は全国的に「三者択一式」で行われている可能性が非常に高

いといえます。

②筆記試験解説・模試の編集方針

このような結果を踏まえ本書の筆記試験に関する解説（例題）または模試問題は、例題集に類似した問題を７割、本書制作部が独自に想定した内容を３割で構成しています。また解説・模試の出題範囲は猟友会の実施基準に準拠する形で構成しています。

本書では、参考として各例題・模試問題に『狩猟読本』の該当する箇所の〝見出し〟を併記しています。狩猟読本の復習として本書を使用する場合は利用してください。なお、この狩猟読本の見出しは、令和５年４月改定版を参照しています。旧版・新版では見出しの番号が合わない可能性があるので注意してください。

③例題の難易度設定について

第２編の筆記試験対策解説では『例題』を載せていますが、この問題のレベルは実際の試験問題の難易度よりも、かなり高めに設定しています。例題については「答えが当たったか・外れたか」ではなく〝記述のどこに間違いがあるのか〟を理解しながら学習を進めてください。

正直な話をすると、アンケート調査結果で『例題集の７～８割が実際の試験問題として出てくる』という結果を得られたので、試験に合格する目的だけであれば『例題集の問題と解答を丸暗記する』ことが最も効率のよい試験対策になります。しかし本書は『はじめに』でも述べたように、試験対策だけでなく『狩猟を続けていくために必要な知識』を身に着けてほしいという思いがあるので、このような構成になっています。

実際に今回のアンケート調査では、以下のような意見が寄せられました。

【宮城県】

狩猟者を増やしたいという行政の考えはわかるが、難易度の低い試験だと法規やルールを理解しない狩猟者が増えてしまうと思います。

【神奈川県】

狩猟で違反を犯すと厳しい罰則を受けるので、受験者はしっかりとした法律の知識を身に着けておいてほしい。

【福岡県】

私は海外でも狩猟をしているのですが、海外の狩猟免許試験は動物の解剖学的な知識が求められたり、応急処置やサバイバルに関する問題も出たりします。こういった意味で、日本の狩猟免許試験はかなりレベルが低いです。行政は狩猟者を増やすだけでなく、質の確保も重視するべきだと感じます。

実技試験に関するアンケート調査

①実技試験の出題内容

　実技試験では、模造銃を使った点検、分解、組み立てなどが行われますが、アンケート調査によると猟友会の実施基準が全国的に採用されているようです。そこで本書でも猟友会基準を中心として、各試験の流れや注意事項などを解説していきます。

　ただし今回のアンケートの中で岐阜県だけ「第一種銃猟試験に空気銃を使った試験項目はなかった」という回答が7件中2件（2/7）ありました。鳥獣法施行規則では第一種銃猟免許試験には空気銃の試験科目が必須なので、この件は出題側のイレギュラーだと思われますが、試験会場によってはこのように実施内容が異なる可能性があります。

②実技試験に用いられる模造銃の種類

　実技試験の内容や採点方法などは全国的に共通のようですが、試験に使用される模造銃と空気銃の〝種類〟には、各都道府県でかなり違いがあるようです。アンケート調査では有効回答数255（※都道府県によっては摸造銃が複数種用意されている場合もある）から、下表のような結果が得られました。

使用された模造銃（散弾銃）の種類		回答数	割合
元折式銃	上下二連銃	151	58.5%
	水平二連銃	49	18.6%
自動銃		54	20.9%
スライドアクション銃		4	1.6%
ボルト式		0	0%
その他		0	0%

　この調査結果によると、全国都道府県の約7～8割で『元折式銃』が使用されているようです。また元折銃と合わせて『自動銃』も含めれば99％をカバーできるため、実技試験では元折式銃と自動銃の操作方法、構造を理解しておけば対応できると考えられます。

　なお、「元折式の銃が〝出なかった〟」とする回答は、埼玉県、北海道、鹿児島、広島、茨城県、愛媛、兵庫の7道県で見られました。

　ただしこの回答は、北海道（1/16）、鹿児島（1/8）、広島県（1/10）、茨城県（1/5）、愛媛県（1/2）、兵庫県（1/11）と、他の回答と相違があったことから、〝異常値〟（回答者の入力ミスなど）である可能性があります。

埼玉県に関しては 3/8(内 1 名は『スライドアクションのみ』と回答) という複数回答があったため、埼玉県では『元折式が出ない』可能性が考えられます。

③実技試験に用いられる空気銃の種類

使用された模造銃（空気銃）の種類	回答数	割合
スプリング式	40	20.9%
ポンプ式	134	70.2%
ガス式	1	0.5%
プレチャージ式	14	7.3%
その他	4	1.0%

試験に使用される空気銃については、ポンプ式が最も多く、続いてスプリング式が多く出題されているようです（「その他」は「空気銃が出題されなかった」、「どのような空気銃が使われていたか忘れた」といった回答）。そこで本書ではこの 2 種類の空気銃について、操作方法や注意点等を解説します。

なお、今回のアンケートには、秋田県に 1 件だけ「ガス式」が含まれていましたが、秋田県の回答者はこの 1 名しかいなかったため、真偽の判別は出来ませんでした。また、「スプリング式しかでなかった（ポンプ式、プレチャージ式がでなかった）」とする回答は、長野県（7/12）で多く見られました。

④鳥獣判別の実施方法

鳥獣の写真やイラストを見て判別を行う『鳥獣判別』の試験では、都道府県によって使用されるイラスト等が異なります。

最も多く見られたのは『狩猟読本の巻頭ページに乗っているカラーイラスト』で、このイラストが印刷された用紙を〝紙芝居〟のようにめくっていく方式が一般的なようです。

ただし、「予備講習では『狩猟読本のイラスト』で解説が行われていたが、試験では全く異なるイラストが使われていた」（千葉県・北海道）などの意見もあり、イラストの姿を丸暗記しただけでは試験対策として危険です。

本書では巻頭ページで『狩猟鳥獣』と『狩猟鳥獣と見間

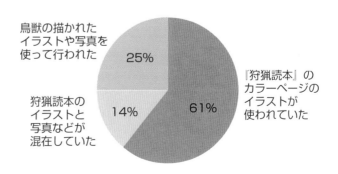

鳥獣の描かれたイラストや写真を使って行われた 25%

狩猟読本のイラストと写真などが混在していた 14%

61%

『狩猟読本』のカラーページのイラストが使われていた

違えやすい鳥獣』を掲載しています。その〝特徴〟を抑えて確実に回答ができるようにしましょう。

その他の調査結果（参考）

①アンケート調査へのご協力のお願い

以降は、狩猟免許試験の内容とは関係のない調査結果ですが、試験対策の参考となる情報です。なお、本誌制作部では改版に向けて継続的に同様のアンケート調査を行っています。Webサイト『新狩猟世界』から『アンケート調査』にアクセスしていただき、アンケートへのご協力をよろしくお願いいたします。

②合格者の予習にかけた時間

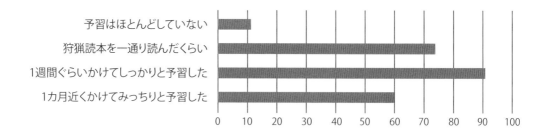

③予備講習について

●予備講習を受講しましたか？

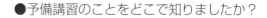

●予備講習のことをどこで知りましたか？

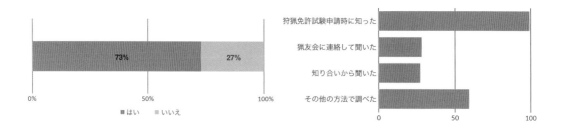

●予備講習に必要性を感じましたか？

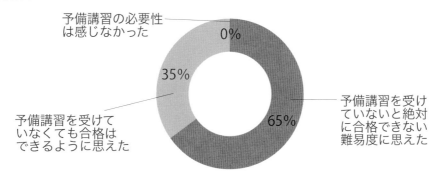

④狩猟免許試験の都道府県別難易度

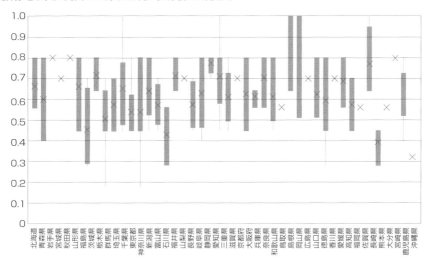

　上表は、狩猟免許試験の合格率や〝手ごたえ〟などの感想を係数として、試験の難易度を都道府県別に算出したグラフです。「１」に近づくほど「試験は簡単だ」、「０」に近いほど「試験は難しい」という感想になります。

　全国的に見ると、中央値は「0.74」となります。この数値は「難しくはないが、対策をしないと受からない」ぐらいのレベルだと考えられます。なお、今回の第一回アンケート調査では、サンプル数が少ない都道府県があるため、それら都道府県の意見はあくまでも「個人的な感想」になります。

①狩猟免許試験に関する感想

【京都府】

第二種を受験しましたが、実際に狩猟をしてみると散弾銃も欲しくなり、結局次の年に第一種を受験しなおしました。第一種免許で二種の狩猟者登録もできるので、空気銃しか考えていない人も、とりあえず第一種を受けることをおすすめします。

【北海道】

予備講習は受けたほうがいい。あとYou Tubeで試験対策の動画が出ているので、それも参考に。予備講習で実技試験の動画を自分で撮って、それを繰り返し見るのも対策として有効。

【新潟県】

鳥獣判別で出たタヌキの写真が、みすぼらしいほど痩せており判別ができなかった。病気（疥癬症）のタヌキの写真も予備知識として見ておくとよいです。

【広島県】

私は狩猟免許取得の前に猟銃の所持許可を得ていたため、筆記、実技共に銃に関する試験のハードルが低かったです。狩猟免許試験は定員数や開催日程などが限られている場合が多いので、早め早めの準備を心がけましょう。

【栃木県】

講習会は段取りや説明の仕方に〝もやもやする点〟が沢山あると思うけれど、先達の説明は素直に受け入れよう。講習会でイチャモンつけてた輩は軒並み落ちてました。

【青森県】

私は夏に受験し１発合格しましたが、同じ年の冬に受けた友人は不合格でした。話によると、予備講習で使用した模擬銃（自動銃）の仕様が試験では違っていて、組み立てができなかったそうです。

【東京都】

免許を取る前に、近隣の猟友会や狩猟ツアー開催者に連絡を取り、実際の狩猟とはどんなものか雰囲気を掴んでみることをオススメします。

第2編.

筆記試験対策

無事故・無違反で狩猟を続けるためには、狩猟に関する法律や銃器・鳥獣に関する知識が必須です。ここでは試験対策にだけでなく、必要な知識をしっかりと身に着けていきましょう！

第1章.

鳥獣法の要点

1—1　鳥獣の保護及び管理並びに狩猟の適正化に関する法律の目的

① 鳥獣法の目的

【例題1】

「鳥獣の保護及び管理並びに狩猟の適正化に関する法律」について、次の記述のうち適切なものはどれか。
　ア．国内に生息する約550種の鳥類と約80種の獣類の中から捕獲行為を禁止する『保護鳥獣』を定めている。
　イ．生物の多様性の確保、野生鳥獣の保護・繁殖をはかり、さらに生活環境の保全や農林水産業の健全な発展に寄与することを目的としている。
　ウ．狩猟制度の担当行政機関は、国としては農林水産省。都道府県では農林水産行政担当部局が担当している

【要点1：狩猟の定義】

　「鳥獣の保護及び管理並びに狩猟の適正化に関する法律」（以下、**『鳥獣法』**）では、日本国内に生息するすべての鳥獣（いえねずみ、一部の海生哺乳類を除く）を捕獲することを〝禁止〟しています。しかし次の場合は、野生鳥獣を捕獲できるようになっています。
　1．農林業事業に伴い、やむを得ずネズミ類・モグラ類を捕獲する場合。
　2．学術研究や農林水産業等の被害防除のため、環境大臣あるいは都道府県知事の許可を得て捕獲する場合。
　3．狩猟鳥獣に指定された鳥獣（ひなや卵は除く）を狩猟期間中に捕獲する場合。
　上記における3で鳥獣を捕獲する行為は**「狩猟」**と呼ばれており、鳥獣法では狩猟鳥獣の種類や狩猟期間、狩猟免許・狩猟者登録制度などのルールが定められています。

【要点2：鳥獣法の担当行政機関】

　鳥獣法は、国全体では環境省が担当行政機関です。よって狩猟制度に関する細かなルールは環境省の省令（施行規則）に定められており、都道府県レベルでは環境省の担当部局（「○○環境局」のように名称は各地域で異なる）が窓口になっています。

【例題1回答：イ】

Ⅱ狩猟に関する法令　2鳥獣の保護及び管理並びに狩猟の適正化に関する法律（鳥獣法）　鳥獣法の概要

1—2　狩猟鳥獣、猟具、狩猟期間等

① 狩猟鳥獣の種類

【例題2】

次の記述のうち正しいものはどれか。
ア．ニホンジカは狩猟鳥獣であり、その亜種のエゾジカも狩猟鳥獣である。
イ．ヨシガモ、コガモ、トモエガモ、カルガモはすべて狩猟鳥獣である。
ウ．シベリアイタチのオスは狩猟鳥獣だが、メスは狩猟鳥獣ではない。

【要点1：狩猟鳥獣は46種】

　令和5年時点での狩猟鳥獣は、下表のとおり**獣類20種、鳥類26種**です。この狩猟鳥獣の種類は環境大臣が指定します。

【要点2：狩猟鳥獣には亜種も含まれる】

　狩猟鳥獣は分類学上の「種：species」ごとに定められており、下位である「亜種：Subspecies」も含みます。一部の狩猟鳥獣には特定の亜種を除く場合もあるので注意しましょう。

獣類（20種）		鳥類（26種）	
ヒグマ	ヌートリア	マガモ	カワウ
ツキノワグマ	ユキウサギ	カルガモ	ヤマドリ（※4）
イノシシ	ノウサギ	コガモ	キジ
ニホンジカ	ノイヌ	ヨシガモ	コジュケイ
タヌキ	ノネコ	ヒドリガモ	キジバト
キツネ	タイワンリス	オナガガモ	ヒヨドリ
テン（※1）	シマリス	ハシビロガモ	ニュウナイスズメ
イタチ（※2）		ホシハジロ	スズメ

シベリアイタチ (※3)		キンクロハジロ	ムクドリ
ミンク		スズガモ	ミヤマガラス
アナグマ		クロガモ	ハシボソガラス
アライグマ		ヤマシギ	ハシブトガラス
ハクビシン		タシギ	エゾライチョウ

※1　テンは、亜種の「ツシマテン」を除く
※2　イタチは、メスを除く
※3　シベリアイタチは、長崎県対馬市の個体群を除く
※4　ヤマドリは、亜種の「コシジロヤマドリ」を除く

【例題2回答：ア】

Ⅱ狩猟に関する法令　2鳥獣の保護及び管理並びに狩猟の適正化に関する法律（鳥獣法）（1）狩猟鳥獣　①狩猟鳥獣の種類

② 狩猟鳥獣でも捕獲ができないケース

【例題3】

狩猟鳥獣の『捕獲禁止規制』について、次の記述のうち正しいものはどれか。
ア．ヤマドリのメスは非狩猟鳥獣である。
イ．キジは狩猟鳥獣の一種だが、キジのメス（亜種のコウライキジは除く）は環境大臣による捕獲禁止規制により捕獲が禁止されている。
ウ．狩猟鳥獣の一時的な捕獲禁止等の規制は、環境大臣のみが行うことができる。

【要点1：狩猟鳥獣でも捕獲禁止規制が設けられる】

気候風土が大きく異なる日本国内では、野生鳥獣の生息数に大きなバラつきがあります。よって、全国一律に『狩猟鳥獣』を定めてしまうと、ある地域では捕獲のしすぎで絶滅させてしまう危険性があります。そこで環境大臣は狩猟鳥獣であっても、全国的・地域的に捕獲を禁止する権限を持っています。

例えば、キジやヤマドリは狩猟鳥獣に指定されていますが、全国的にキジ・ヤマドリの生息数が減少傾向にあるため、環境大臣により『キジ・ヤマドリのメス』は全国的に捕獲禁止規制が設けられています。ただし、上記「キジのメス」には亜種（※別種とする説もある）の『コウライキジ』は含まれておらず、コウライキジのメスは狩猟可能です。

【要点２：都道府県知事も規制を設定できる】

　狩猟鳥獣の捕獲禁止規制は、全国的、または国際的（渡り鳥など）の場合は環境大臣が実施しますが、地域レベルでは都道府県知事も実施する権限を持ちます。

　例えば『キツネ』は狩猟鳥獣ですが、鹿児島県では個体数の減少やノウサギの駆除のために、都道府県知事により捕獲禁止規制（県本土地域に限る）が実施されています。

　狩猟鳥獣の中でも『ツキノワグマ』は、環境大臣による捕獲禁止規制に加え、複数の都道府県で捕獲禁止規制が設けられているため、狩猟をする際には十分注意をしましょう。

【例題３回答：イ】

Ⅱ狩猟に関する法令
２鳥獣の保護及び管理並びに狩猟の適正化に関する法律（鳥獣法）
（２）狩猟鳥獣 ③狩猟鳥獣の捕獲規制

③ 猟具の種類

【例題４】

次の記述のうち正しいものはどれか。
- ア．第一種銃猟免許を取得している者が使用できる猟具は、散弾銃、ライフル銃、空気拳銃、空気銃である
- イ．網猟免許を取得している者が使用できる猟具は、むそう網、はり網、つき網、なげ網である。
- ウ．わな猟免許を取得している者が使用できる猟具は、くくりわな、はこわな、とらばさみ、囲いわなである。

【要点１：猟具の種類はすべて暗記する】

　狩猟鳥獣を捕獲する方法には、徒手採捕（いわゆる「手づかみ」）やブーメラン、スリングショット、投石など色々な方法が考えられますが、中でも『銃器（装薬銃および空気銃）、わな、網』を使って狩猟をする方法を法定猟法といいます。この法定猟法に指定されている道具は猟具と呼ばれており、次表のように分類されています。

　法定猟法で狩猟をする場合は、使用する猟具に応じた狩猟免許の取得が必要となり、また狩猟を行う都道府県に対して狩猟者登録を行わなければなりません。

法定猟法（猟具）		狩猟免許の種類
装薬銃	散弾銃、ライフル銃	第一種銃猟免許
空気銃	空気銃	第二種銃猟免許
わな	くくりわな、はこわな、はこおとし、囲いわな	わな猟免許
網	むそう網、はり網、つき網、なげ網	網猟免許

【要点2：空気銃の定義を理解する】

法定猟法である「空気銃」には、空気拳銃や空気散弾銃、またプラスチック弾を発射するエアソフトガンなどは含まれません。空気銃は一般的に「エアライフル」と呼ばれています。なお空気銃には、『エアソフトガン以上・エアライフル未満のパワーを持つ空気銃』として『準空気銃』という分類がありますが、この準空気銃は猟銃・空気銃の所持許可制度で所持することができないため、狩猟に使用することもできません。

【例題4回答：イ】

Ⅱ狩猟に関する法令
2鳥獣の保護及び管理並びに狩猟の適正化に関する法律（鳥獣法）
（3）狩猟免許と猟具　①狩猟免許の種類

④ 狩猟期間

【例題5】

『狩猟期間』ついて、次の記述のうち正しいものはどれか。
ア．北海道の狩猟期間は、10月1日から翌年の1月31日までである。なお、北海道の猟区においては、9月15日から翌年2月末日までである。
イ．環境大臣または都道府県知事は狩猟者からの要望に応じて、狩猟期間を延長・短縮することができる。
ウ．北海道以外の狩猟期間は、狩猟者登録の有効期間と同じである。

【要点1：狩猟期間の長さ】

野生鳥獣を狩猟により捕獲することができる狩猟期間（一般的には「猟期」と呼ばれる）は、右図のとおり、『北海道』、『北海道の猟区』、『北海道以外』、『北海道以外の猟区』に分かれていま

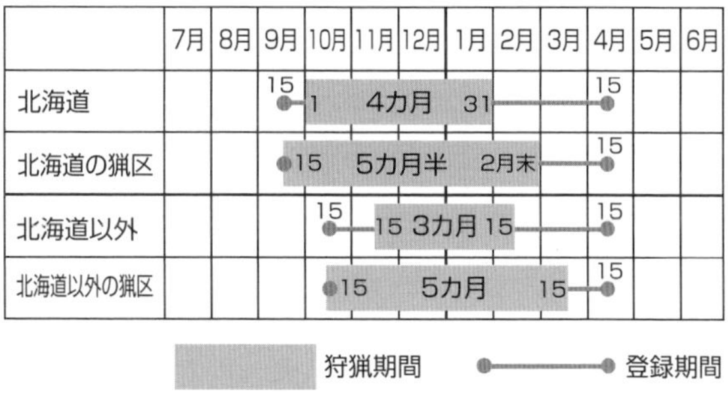

	7月	8月	9月	10月	11月	12月	1月	2月	3月	4月	5月	6月
北海道			15	1	4カ月		31			15		
北海道の猟区			15	5カ月半				2月末		15		
北海道以外				15	15 3カ月			15		15		
北海道以外の猟区				15	5カ月				15	15		

狩猟期間　　●——● 登録期間

42

す。なお、令和3年度までは「東北3県のカモ猟は11月1日から翌年1月31日まで」とされていましたが、令和4年度からはこの定めはなくなりました。

【要点2：狩猟期間の延長・短縮】

第二種特定鳥獣管理計画（詳しくは第2編4章で解説）で「管理すべき鳥獣」に指定された狩猟鳥獣は、その狩猟鳥獣に限り狩猟期間の延長が行われることがあります。「狩猟者の希望」で延長されるわけではありません。

【要点3：狩猟期間・狩猟者登録の有効期間】

狩猟期間の問題では、「狩猟者登録の有効期間」や「狩猟免許の有効期間」と記憶がゴチャゴチャにならないように注意しましょう。

【例題5回答：ア】

Ⅱ 狩猟に関する法令
2 鳥獣の保護及び管理並びに狩猟の適正化に関する法律（鳥獣法）（6）狩猟期間

1—3　狩猟免許制度

① 狩猟免許試験の欠格事由

【例題6】

次の記述のうち正しいものはどれか。
ア．身体障害を持つものは、狩猟免許試験を受験することができない。
イ．統合失調症にかかっている者は、狩猟免許試験を受験することができない。
ウ．覚醒剤の中毒者は原則として狩猟免許試験を受けることができないが、条件により受けることができる場合がある。

【要点：欠格事由はすべて暗記する】

狩猟免許試験を受けることのできない欠格事由は次表のとおりです。この条件に該当する場合は〝絶対に〟狩猟免許を受験することができません。

狩猟免許試験を受けることのできない欠格事由
狩猟免許試験の日に、第一種・第二種銃猟免許にあっては『20歳』に満たない者。網猟、わな猟にあっては『18歳』に満たない者。
精神障害、発作による意識障害、総合失調症、そううつ病（そう病およびうつ病を含む）、てんかん（軽微なものを除く）にかかっている者。
麻薬、大麻、あへん又は覚せい剤の中毒者。
自分の行為の是非を判別して行動する能力が欠如、または著しく低い者。
鳥獣法またはその規定による禁止、もしくは制限に違反し、『罰金以上の刑』に処せられ、その刑の執行を終わり、または執行を受けることができなくなった日から『3年』を経過していない者。
狩猟免許を取り消された日から『3年』を経過していない者。

【例題6回答：イ】

Ⅱ狩猟に関する法令
2鳥獣の保護及び管理並びに狩猟の適正化に関する法律（鳥獣法）
（3）狩猟免許と猟具　②狩猟免許を受けることができない者

---

② 狩猟免許の有効範囲と有効期限

【例題7】

> 次の記述のうち正しいものはどれか？
> ア．狩猟免許試験合格当初の狩猟免許の有効期間は、試験を受験した日が属する年の9月14日から数えて3年間である。
> イ．狩猟免許は、有効期限が過ぎる前に管轄都道府県知事が行う講習を受けて、適性試験に合格することで、その年の9月15日に更新される。
> ウ．狩猟免許の有効範囲は、狩猟免状が交付された都道府県に限られる。

【要点1．狩猟免許は全国一円で有効】

　狩猟免許試験に合格すると、管轄都道府県（住所地のある都道府県）から狩猟免許が発行され、併せて狩猟免状が交付されます。この狩猟免許は国家資格であるため、1つの都道府県で取得すれば全国で狩猟者登録を行うことができます。

【要点２．狩猟免許の有効期間と注意点】

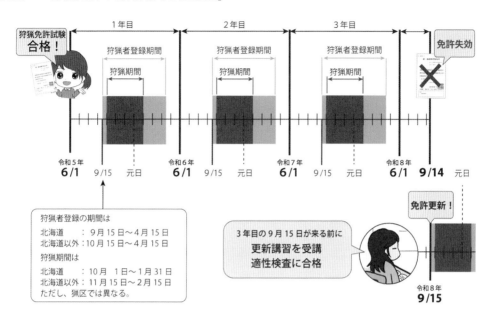

　合格当初の狩猟免許の有効期間は、**「試験を受けた日から３年を経過した日の属する年の９月14日までの約３年間」**です。非常にわかりにくい表現なので、例題5の狩猟期間と合わせて上図を参考にしてください。

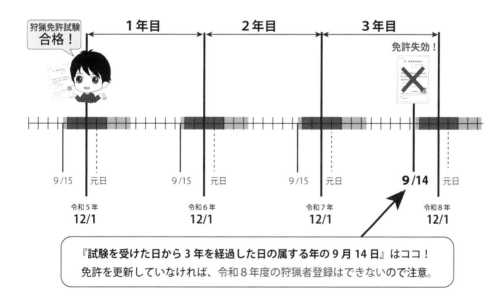

　有効期限で注意が必要なのは、上記のように『９月15日を過ぎて狩猟免許を取得した場合』です。この場合、上図のように狩猟免許の有効期間は３年よりも短くなります。「有効期限は３年間」と間違って覚えてしまうと、３年目を迎える年の狩猟者登録ができなくなってしまうので注意しましょう。

なお、更新すると狩猟免許は9月15日に発行されるため、有効期限は誰もが「3年後の9月14日まで」になります。

【要点3．狩猟免許の更新】

　狩猟免許を更新する場合は、有効期限が過ぎる「3年目の9月15日」が来る前に、管轄の都道府県に更新の申請書を提出して、都道府県知事の行う講習と適性検査を受けてください。

　この「講習」は〝試験〟ではないので、筆記試験や実技試験はありません。ただし都道府県によっては、講習の最後に簡単な考査（理解度チェックのテスト）が行われる場合があるようです。

　なお、更新忘れなどで狩猟免許を失効させると、再度狩猟免許を取得するためには狩猟免許試験を受けなおさなければなりません。

【例題7回答：イ】

Ⅱ狩猟に関する法令
2鳥獣の保護及び管理並びに狩猟の適正化に関する法律（鳥獣法）
狩猟免許の効力等　　①免許の有効期間等

③ 狩猟免状の取扱い

【例題8】

> 『狩猟免状の取扱い』について、次の記述のうち正しいものはどれか。
> ア．狩猟中は狩猟免状と狩猟者登録証を携帯し、狩猟者記章を身に着けておかなければならない。
> イ．狩猟中は狩猟免状を携帯し、狩猟者記章を身に着けておく必要はあるが、狩猟者登録証は携帯する必要はない。
> ウ．狩猟中は狩猟者登録証を携帯し、狩猟者記章を身に着けておく必要はあるが、狩猟免状を携帯する必要はない。

【要点：狩猟免状は携帯せずに大切に保管しておく】

　交付された狩猟免状は、狩猟者登録時や更新時に必要となる書類なので、狩猟中に身に着けておく必要はありません。自宅や支部猟友会で大切に保管しておきましょう。「狩猟者登録証」、「狩猟者記章」について詳しくは後述します。

【例題８回答：ウ】

Ⅱ 狩猟に関する法令
２ 鳥獣の保護及び管理並びに狩猟の適正化に関する法律（鳥獣法）
狩猟免許の効力等　　①免許の有効期間等

---

④ 狩猟免許の更新

【例題９】

『狩猟免許の更新』について、次の記述のうち正しいものはどれか。
ア．法令で定める「やむを得ない事情」で狩猟免許が更新できなかった場合、その事情がなくなってから１カ月以内であれば、更新申請書を都道府県知事に提出し、適性検査に合格することで狩猟免許を更新することができる。
イ．法令で定める「やむを得ない事情」で狩猟免許が更新できなかった場合、その事情がなくなってから１カ月以内であれば、狩猟免許試験の知識試験および技能試験が免除される。
ウ．有効期限が切れる３年目の９月１５日までに更新申請書を都道府県知事に提出し、狩猟免許試験に再合格した場合に更新できる。

【要点：やむを得ない理由があっても、更新できるわけではない】

　病気やケガで入院していた、災害が生じていた、海外旅行をしていた、などの「法令で定めるやむを得ない事情」があって狩猟免許を更新できなかった場合、その事情がなくなった日から１カ月以内に必要な手続きを行えば、狩猟免許試験の知識試験と技能試験が免除されます。例題７でも触れたように、狩猟免許は失効すると、どのような理由があっても更新することはできません。

【例題９回答：イ】

Ⅱ 狩猟に関する法令
２ 鳥獣の保護及び管理並びに狩猟の適正化に関する法律（鳥獣法）
（４）狩猟免許の効力等　　②免許の更新

---

⑤ 狩猟免許の取消し

【例題10】

次の記述のうち正しいものはどれか。
ア．「鳥獣の保護及び管理並びに狩猟の適正化に関する法律」に違反した場合、違反
　　の程度に応じて狩猟免許が取り消されることがある。
イ．覚醒剤中毒や統合失調症にかかった場合、その症状の程度に応じて狩猟免許が取
　　り消されることがある。
ウ．年齢が80歳を超えた者は、狩猟免許が取り消されることがある。

【要点：〝絶対に〟取り消される場合と〝可能性〟がある場合】

絶対に取り消される 場合	・精神障害、統合失調症、そううつ病、てんかん、などにか 　かった場合。 ・麻薬、大麻、あへん又は覚醒剤の中毒になった場合。 ・是非弁別能力や判別能力が著しく低下した場合など。
程度に応じて 取り消される場合	・鳥獣法等に違反した場合。 ・狩猟に必要な適性に欠けるようになった場合。

　狩猟免許の取り消し要件は上表のとおりです。該当すると「絶対に取り消される場合」
と、「程度によって取り消される場合がある」の2種類があることに注意してください。
なお、取り消される要件に年齢に関する規定はありません。

【例題10 回答：ア】

Ⅱ狩猟に関する法令
2鳥獣の保護及び管理並びに狩猟の適正化に関する法律（鳥獣法）
（4）狩猟免許の効力等　　　③免許の取消し等

⑥ 狩猟免許の変更届

【例題11】

『狩猟免状』の記載内容の変更等について、次の記述のうち正しいものはどれか。
ア．他の都道府県に転居した場合は、新住所の都道府県知事に対して住所の変更届を
　　提出する。
イ．氏名に変更があったときは、狩猟免許の更新時に変更届を提出する。
ウ．狩猟免状を紛失した場合は、狩猟免許は必ず取消しをうける。

【要点：変更の届けは〝遅延なく〟】

　住所氏名に変更があった場合は、住所を管轄する都道府県知事に対して、〝**遅延なく**〟変更届を提出します。なお、前の住所を管轄する都道府県に対して、届出をする必要はありません。

　狩猟免状を亡失（滅失、汚損、破損など）した場合は、管轄都道府県知事に対して再交付の申請を行うことができます。

【例題11 回答：ア】

　Ⅱ狩猟に関する法令
　2鳥獣の保護及び管理並びに狩猟の適正化に関する法律（鳥獣法）
　（4）狩猟免許の効力等　　④免許の住所変更等

1—4　狩猟者登録制度

① 狩猟者登録の期間

【例題12】

『狩猟者登録の期間』について、次の記述のうち正しいものはどれか。
ア．10月15日から翌年4月15日までの6カ月間。北海道にあっては、9月15日から翌年の4月15日までの7カ月間。
イ．11月15日から翌年2月15日までの3カ月間。北海道にあっては、10月1日から翌年の1月31日までの4カ月間。
ウ．全国一円で10月15日から翌年の4月15日までの6カ月間。

【要点：北海道では1カ月早く、終わりは4月15日で共通】

　狩猟者登録の有効期限は、10月15日から翌年4月15日（北海道は9月15日から翌年の4月15日）までです。例題5の図を参考にしてください。

【例題12 回答：ア】

　Ⅱ狩猟に関する法令
　2鳥獣の保護及び管理並びに狩猟の適正化に関する法律（鳥獣法）
　狩猟者登録制度　②登録方法

② 狩猟者登録証の返納

【例題 13】

『狩猟者登録証の返納等』について、次の記述のうち正しいものはどれか。
- ア．狩猟者登録証と狩猟者記章は、登録期間の満了後 30 日以内に都道府県知事に返納しなければならない。
- イ．狩猟者登録証は登録期間の満了後 3 カ月以内に、狩猟者記章は 30 日以内に、都道府県知事に返納しなければならない。
- ウ．狩猟者登録証は、登録期間の満了後 30 日以内に都道府県知事に返納しなければならない。狩猟者記章については返納する必要はない。

【要点：登録証は返納するが、狩猟者記章は返納の必要なし】

　狩猟者登録をすると、登録をした都道府県から『狩猟者登録証』と『狩猟者記章』（一般的には「ハンターバッヂ」と呼ばれる）が届きます。この2つは狩猟中、必ず携帯し、バッヂは服や帽子など他人から見やすい位置に装着しておきましょう。

　狩猟期間が終了したら、狩猟者登録証は 30 日以内に交付を受けた都道府県に返納します。狩猟者記章は返す必要はないので、記念に取っておきましょう。

　狩猟者登録証、狩猟者記章を亡失した場合は〝遅延なく〟都道府県の担当窓口に届をだして再交付の手続きを受けてください。

【例題 13 回答：ウ】

Ⅱ狩猟に関する法令
2鳥獣の保護及び管理並びに狩猟の適正化に関する法律（鳥獣法）
（5）狩猟者登録制度

③ 狩猟者登録の抹消・取り消し

【例題 14】

次の記述のうち正しいものはどれか。
- ア．狩猟免許が取り消された場合でも、すでに受けている狩猟者登録は有効なので、当猟期まで狩猟を続けることができる。
- イ．住所・氏名の変更を行わなかった場合、狩猟者登録は取り消されたり、期間を定

めて効力が停止されたりする可能性がある。

ウ．狩猟免許が取り消された場合、狩猟者登録は抹消される可能性がある。

【要点：狩猟免許が取り消されたら、狩猟者登録は必ず抹消される】

違反などを犯して狩猟免許が取り消されたときは、すでに受けていた狩猟者登録は、必ず抹消（登録が消去）されます。よって狩猟期間中であったとしても、抹消された時点で狩猟を続けることはできません。なお、住所変更等を怠った場合は、その悪質性に応じて狩猟免許の取り消しなどが行われる場合があります。

【例題14 回答：イ】

Ⅱ狩猟に関する法令
2鳥獣の保護及び管理並びに狩猟の適正化に関する法律（鳥獣法）
（5）狩猟者登録制度

⑤わな・網の標識

【例題15】

網・わなの『標識』について、次の記述のうち正しいものはどれか。

ア．人の往来の激しい場所に設置しないのであれば省略してもよい。

イ．いつ設置した網・わななのか、日付を明記しなければならない。

ウ．標識には住所、氏名、都道府県知事名、登録年度、登録番号を記入する。

【要点：第一種・二種受験者でも、わなの標識等は覚えておく】

網・わなを使用する場合は、『住所、氏名、都道府県知事名、登録年度、狩猟者登録番号』を記載した『標識』を、見やすい場所に付けておかなければなりません。第一種・第二種銃猟の受験者には関係のない話に思えますが、鳥獣法の試験範囲内なので覚えておきましょう。

【例題15 回答：ウ】

Ⅱ狩猟に関する法令
2鳥獣の保護及び管理並びに狩猟の適正化に関する法律（鳥獣法）
（5）狩猟者登録制度 ④標識

1—5　狩猟者の狩猟に伴う義務
　　　（違法捕獲物の譲渡禁止を含む）

① 鳥獣の違反行為・その他

【例題 16】

次の記述のうち正しいものはどれか。
- ア．鳥獣保護管理員は都道府県知事より任命される都道府県の非常勤職員である。
- イ．鳥獣法に違反して捕獲した鳥獣を、無償で譲り受ける分には問題ない。
- ウ．狩猟を行っている土地の所有者から狩猟者登録証の提示を求められても、狩猟者側にはそれにこたえる義務はない。

【要点１：無料でもらっても、剥製であっても違反になる】

　違法に捕獲された鳥獣（生体だけでなく、標本や剥製なども含まれる）は、たとえ無償であっても「譲受け」自体が禁止されています。「剥製にするために預かっただけ」といった理由でも罪に問われる可能性があります。

【要点２：狩猟者登録証提示の義務】

　鳥獣保護管理員とは、鳥獣の保護管理事業の実施に関する業務（たとえば、鳥獣保護区等の管理や、傷病鳥獣の救護、狩猟者の法令遵守指導など）を行う非常勤の地方公務員で、都道府県知事が任命します。狩猟中に鳥獣保護管理員から指導や注意を受けたら、必ずその指示に従うようにしてください。

　鳥獣保護管理員や警察官、土地の所有者、またそれら以外の関係者から狩猟者登録証の提示を求められた場合、狩猟者はそれに応じる義務があります。拒んだ場合、三〇万円以下の罰金刑に処される可能性があります。

【例題 16 回答：ア】

　Ⅱ狩猟に関する法令
　２鳥獣の保護及び管理並びに狩猟の適正化に関する法律（鳥獣法）
　（１７）その他

② 鳥獣法の罰則

【例題 17】

> 鳥獣法の『罰則』について、次の記述のうち適切なものはどれか。
> ア．鳥獣法に違反した場合、狩猟免許は取り消される可能性があるが、罰金刑などの刑事罰を受けることはない。
> イ．鳥獣法に違反した場合、罰金刑以上の罰則を受ける可能性がある。
> ウ．鳥獣法に違反した場合、その罪状によっては無期懲役や死刑になる可能性もありえる。

【要点：鳥獣法違反は罰金刑以上を受ける可能性がある】

　鳥獣法に違反した場合の主な罰則と違反行為の内容は下表の通りです。罰金刑以上は狩猟免許が取り消されるだけでなく〝前科〟が付くので、違反を犯さないように細心の注意を払いましょう。

　なお、日本における刑罰の重さは、『死刑＞懲役＞禁錮＞罰金＞拘留＞過料』の順に重くなります。鳥獣法違反は「1 年以下の懲役」が最も重い刑事罰なので、無期懲役や死刑になることはありません。

刑事罰	主な違反行為
一年以下の懲役又は百万円以下の罰金	「狩猟鳥獣以外の鳥獣を捕獲」、「猟期外に狩猟鳥獣を捕獲」など。
六カ月以下の懲役又は五十万円以下の罰金	「捕獲頭羽数制限を超えて捕獲」など。
五十万円以下の罰金	「指定猟法禁止区域で指定猟法を使用する」
三十万円以下の罰金	「土地の占有者の許可を受けずに狩猟をする」、「捕獲等をした鳥獣の放置」など。

【例題 17 回答：イ】

Ⅱ狩猟に関する法令
2鳥獣の保護及び管理並びに狩猟の適正化に関する法律（鳥獣法）
（18）罰則

③ 各調査機関への協力

【例題18】

> 次の記述のうち正しいものはどれか。
> ア．鳥類の渡りのルートなどを調べる調査のために、足環をつけた鳥類を見つけた場合は環境省に届け出るように努める。
> イ．放鳥されたキジやヤマドリには足環やフラッグが付いていることがあるので、捕獲したら記念に取っておくとよい。
> ウ．毎年1月15日前後に全国一斉でガン・カモ類の生息数の調査が行われるため、カモ類の狩猟自粛が求められている。

【要点：調査等への協力は狩猟者の義務と心得る】

　狩猟中に足環をつけた渡り鳥を発見したら、『山階鳥類研究所』に届けを出すように努めましょう。

　足環やフラッグの付いたキジやヤマドリは猟友会が放鳥した鳥です。捕獲した場合は足環やフラッグを猟友会に提出しましょう（様式は各都道府県猟友会で異なる）。

　「ガン・カモ類の生息数調査」は、環境省が主体となって全国一斉に1月15日前後（狩猟期間中）に実施されます。この時期は正確な調査を行うためや事故防止などのために、カモ猟は自粛するようにしましょう。

　上記の内容は法律で定められているわけではありませんが、狩猟者の『義務』として心得ておきましょう。

【例題18 回答：ウ】

Ⅵ狩猟の実施方法　16各種調査への協力

1―6　狩猟鳥獣の捕獲が禁止又は制限される場所、方法、種類等

① 猟法の使用規制

【例題19】

> 『猟法の使用規制』について、次の記述のうち正しいものはどれか。
> ア．ツキノワグマ、ヒグマ、イノシシ、ニホンジカを捕獲する目的で使用されるライ

　　フル銃は、口径の長さが 5.9 mm 未満でなければならない。

イ．かすみ網は、法定猟法の『はり網』の一種であり、人が操作することによって飛んできた鳥を捕獲する猟具である。

ウ．航行中のモーターボート上からの発砲は、原則として禁止されている。ただし、5 ノット未満の低速で航行している状態であれば、発砲は認められている。

【要点1：禁止猟法はすべて暗記する】

　「狩猟鳥獣の乱獲や、他鳥獣の錯誤捕獲などを防止する」ための目的で、狩猟には「使ってはいけない道具や方法」があります。これらは禁止猟法と呼ばれています。

　また、禁止猟法と合わせて、爆薬や劇薬、毒薬、据銃、落とし穴（陥穽）などは『人の生命や財産に危害を加える危険性がある』ために使用が禁止されています。これらの猟法は危険猟法と呼ばれます。

禁止猟法
空気散弾銃を使用する猟法。
ヤマドリおよびキジの捕獲等をするためテープレコーダーなどを使用する猟法。キジ笛を使用する猟法。
犬にかみつかせることのみにより捕獲等をする方法、犬にかみつかせて狩猟鳥獣の動きを止め、もしくは鈍らせ、法定猟法以外の方法により捕獲等をする猟法。（ただし、銃猟中に猟犬が獲物を偶然に噛殺してしまったり、発砲により猟犬を死傷させてしまう危険性が高く、やむをえずナイフ等で止めさしをする場合などは、本規制の対象外）
かすみ網を使用した猟法
おし、とらばさみ、つりばり、とりもち、矢（吹き矢、クロスボウなど）を使用すること。
危険猟法
爆薬や劇薬、毒薬、据銃、落とし穴（陥穽）

　上記の禁止猟法で、『空気散弾銃』は、威力が弱く狙った獲物を仕留めきれずに半矢にしてしまう可能性が高いので使用が禁止されています。同様の理由で、クロスボウやコンパウンドボウなどの『矢』を使った猟法も禁止されています。

　なお、『かすみ網』は法定猟法の『はり網』の一種ですが、違法捕獲が後を絶たなかったことから現在は使用禁止猟具になっています。

【要点2：法定猟法でも禁止猟法に触れることがある】

　禁止猟法には『法定猟法』とオーバーラップしている部分があります。例えば『散弾銃』は法定猟法の一種なので狩猟に使用することができますが、「口径の長さが 10 番を超える銃器（口径が大きい散弾銃）」は禁止猟法に触れるので使用することができません。

法定猟法に係わる禁止猟法
口径の長さが 10 番を超える銃器を使用する猟法。
飛行中の飛行機、もしくは運行中の自動車、または 5 ノット以上の速力で航行中のモーターボートの上から銃器を使用する猟法。
構造の一部として 3 発以上の実包を充てんすることができる弾倉のある散弾銃を使用する猟法。
ライフル銃を使う猟法。ただし、ヒグマ、ツキノワグマ、イノシシ、ニホンジカに限っては、口径の長さが 5.9 ㎜を超えるライフル銃を使用可能。
ユキウサギ及びノウサギ以外の対象狩猟鳥獣の捕獲等をするため、はり網を使用する方法（人が操作することによってはり網を動かして捕獲等をする方法を除く）
同時に 31 以上のわなを使用する猟法。
鳥類、ヒグマ、ツキノワグマをわなで捕獲すること。
イノシシ、ニホンジカを捕獲する『くくりわな』で、輪の直径が 12 ㎝より大きい、もしくはワイヤーの直径が 4 ㎜未満、もしくは締付け防止金具、よりもどしが装着されていないもの。
イノシシ、ニホンジカ以外の獣類を捕獲する『くくりわな』で、輪の直径が 12cm より大きい、もしくは締め付け防止金具が装着されているもの。
法定猟法に係わる危険猟法
危険なわな（例えば獲物を宙吊りにするような強力な動力を持つわな）

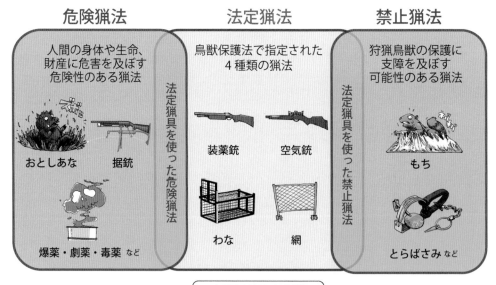

【例題 19 回答：ウ】

Ⅱ 狩猟に関する法令
2 鳥獣の保護及び管理並びに狩猟の適正化に関する法律（鳥獣法）
（3）狩猟免許と猟具 ③猟法の使用規制

② 捕獲数の制限

【例題 20】

1 日当たりの捕獲数の制限について、次の記述のうち正しいものはどれか。
ア．ヤマシギおよびタシギは、合計して 5 羽である。
イ．カモ類は 1 種類につき、5 羽まで捕獲できる。
ウ．網を使ってカモ類を捕獲する場合は、1 日あたり 200 羽まで捕獲できる。

【要点：捕獲数の上限はすべて暗記する】

カモ類	1 日あたり合計 5 羽。 網を使う場合は、狩猟期間中に合計して 200 羽まで。
エゾライチョウ	1 日あたり 2 羽。
ヤマドリ及びキジ（コウライキジを除く）	1 日あたり合計して合計 2 羽。
コジュケイ	1 日あたり 5 羽。
ヤマシギ及びタシギ	1 日あたり合計 5 羽。
キジバト	1 日あたり 10 羽。

　狩猟鳥獣の捕獲数上限は上表のようにさだめられています。例えば、1 日の狩猟で 1 人の狩猟者が「マガモ 3 羽、カルガモ 1 羽、コガモ 1 羽」の合計 5 羽であれば問題ありませんが、「マガモ 5 羽、カルガモ 5 羽、コガモ 5 羽」だと合計 15 羽になるので違反になります。

【例題 20 回答：ア】

Ⅱ 狩猟に関する法令
2 鳥獣の保護及び管理並びに狩猟の適正化に関する法律（鳥獣法）
（7）捕獲数

③ 狩猟が禁止されている場所

【例題21】

次の記述のうち正しいものはどれか。
ア．都市公園など人が集まる場所では銃器による狩猟が禁止されているが、網・わな
による狩猟は禁止されていない。
イ．わなにかかった狩猟獣が公道上に飛び出すような設置方法であっても、わな自体
が公道上に設置されていなければ違反にはならない。
ウ．狩猟が禁止されている「公道」には、自動車道や歩道だけでなく、農道や林道も
含まれる。

【要点：狩猟が禁止されている場所は、どの猟法でもダメ】

禁止されている場所	主な理由
公道（農道や林道も含む）	人や車が往来を妨げるため。
社寺境内・墓地	神聖さや尊厳を保持するため。
区域が明示された都市公園	人が多く集まる所で事故を防止するため。
自然公園の特別保護地区、原生自然環境保全地域	生態系保護を図るため。

　狩猟が禁止されている場所は上表のとおりです。これらの場所では銃猟だけでなく、網
猟・わな猟、徒手採捕などの自由猟も禁止されています。
　上記でわかりにくいのが「公道」という表現です。「公道」という言葉には法律的な定
義はありませんが、一応、所有者が国や地方公共団体以外の、いわゆる「私道」も含まれ
るとされています。よって『農道』や『林道』をはじめ「人が往来することを目的に設け
られた道」は、すべて〝狩猟禁止〟とされています。

【例題21 回答：ウ】

Ⅱ狩猟に関する法令
２鳥獣の保護及び管理並びに狩猟の適正化に関する法律（鳥獣法）
（９）捕獲規制区域等　①狩猟禁止の場所

④ 銃猟における注意点

【例題22】

次の記述のうち正しいものはどれか。

ア．人や飼養動物、建物などに弾丸が到達するおそれがある方向への銃猟は、実害が発生した場合に限り違反として扱われる。

イ．公道上で狩猟をすることは禁止されているが、公道上にいる獲物を銃猟することは問題ない。

ウ．弾丸が公道上に着弾すると違反だが、上空を通過した場合でも違反となる。

【要点１：銃猟では弾の発射方向に注意】

　銃猟では、人、飼養動物、建物や電車、自動車、船舶などの乗り物に対して発砲することが禁止されています。さらに上記の人や物に「弾丸が到達するおそれがある距離・方向」から発砲することも違反に当たります。

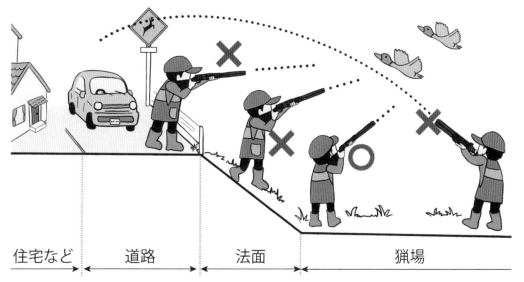

【要点２：住宅密集地での銃猟は禁止】

　「住居が集合している地域や広場、駅などの多数の人が集まる場所」での銃猟も禁止されています。この「住宅が集合している」という表現が曖昧なのでわかりにくいですが、平成12年に「半径約200ｍ以内に人家が約10件ある場所は『住宅が密集している場所』にあたる」という最高裁判例が出たことから、狩猟者の間では一応の基準になっています。ただしこれはあくまでも判例なので、**『民家近くでは銃猟をしない』**というのが狩猟者の常識だと理解しておいてください。

【例題22 回答：ウ】

Ⅱ狩猟に関する法令

２鳥獣の保護及び管理並びに狩猟の適正化に関する法律（鳥獣法）

（９）捕獲規制区域等　①狩猟禁止の場所

⑤ 鳥獣保護区・休猟区

【例題23】

次の記述のうち正しいものはどれか。
ア.『休猟区』は、環境大臣が指定する。
イ.『鳥獣保護区』は、鳥獣を保護する目的で、全国的な見地からは環境大臣が、地域的な見地からは都道府県知事によって指定される。
ウ.『休猟区』では、生息数が減少している狩猟鳥獣の狩猟は禁止されているが、それ以外の狩猟鳥獣を捕獲することは問題ない

【要点：設定主体と目的を覚える】

捕獲規制区域の名称		設定主体	主な目的
鳥獣保護区	国指定鳥獣保護区	環境大臣	鳥獣の保護（全国的）
	都道府県指定鳥獣保護区	都道府県知事	鳥獣の保護（地域的）
休猟区		都道府県知事	減少した狩猟鳥獣の増加

　狩猟が規制されている区域は、先の例題以外にも、上表に挙げる鳥獣保護区と休猟区も含まれます。これらの区域では標識が立っているので、その区域に入猟してはいけません。

　鳥獣保護区には、『渡り鳥の一大繁殖地』のような全国的・国際的（ラムサール条約などを履行するため）に重要とされる場所は環境大臣が国指定鳥獣保護区に指定します。『都道府県内の希少な生物が多数生息するエリア』といった地域レベルでは、都道府県知事が都道府県指定鳥獣保護区に指定します。

　なお、鳥獣保護区内には「埋め立てや人工物設置に許可を要する」とした特別保護地区があり、さらにその中には「焚火や植物の採取、撮影等に許可を要する」とした特別保護指定区域があります。

【例題23回答：イ】

Ⅱ狩猟に関する法令
２鳥獣の保護及び管理並びに狩猟の適正化に関する法律（鳥獣法）
（９）捕獲規制区域等

⑥ 特定猟具使用禁止・制限区域

【例題24】

> 次の記述のうち正しいものはどれか。
> ア.『特定猟具使用制限区域』に入猟する者は、都道府県知事の承認を得なければならない。
> イ.『特定猟具使用禁止区域』は、野生鳥獣の保護を目的として都道府県知事が設定する。
> ウ.『特定猟具使用禁止区域(銃器の使用禁止)』で銃猟を行う者は、都道府県知事の承認を得なければならない。

【要点1：特定猟具使用禁止・制限区域の目的を理解する】

規制区域の名称	設定主体	主な目的	入猟の承認
特定猟具使用禁止区域	都道府県知事	危険防止や静穏の保持のため	なし
特定猟具使用制限区域			都道府県知事の入猟承認が必要

　『特定猟具使用禁止区域』と『特定猟具使用制限区域』は、特定の法定猟法（銃器、網、わな）の使用が原則として禁止されているエリアです。特定猟具使用禁止区域の中でも特に銃器を禁止する区域は、一般的に『銃禁エリア』や『銃猟禁止区域』と呼ばれており、銃猟をする狩猟者は特に注意が必要です。これら区域にも鳥獣保護区や休猟区のような看板が立っています。

【要点2：禁止区域と制限区域の違い】

　禁止区域と制限区域の主な違いは、制限区域は都道府県知事から『入猟の承認』を得れば、特定猟具で狩猟が可能です。ただし近年では制限区域を設けている都道府県はおそらく無く、また「網やわな」を使用禁止・制限する区域も見当たりません。実猟的には「銃禁エリア」の存在だけ知っていればよいですが、一応法律的な知識として覚えておきましょう。

【要点3：鳥獣保護区・休猟区との違い】

　鳥獣保護区と休猟区は「鳥獣の保護」を目的とする一方で、特定猟具使用禁止・制限区域は「銃弾による危害の防止や、発砲音による周辺住人を脅かさないようにするため」な

どが目的となります。よって、病院や学校が新しく建てられたり、新興住宅地として開発が行われたりするエリアは、ある年から急に「銃禁エリア」に指定されることがあります。銃猟を行う人は毎年都道府県から発行される『鳥獣保護区等位置図』（いわゆる「ハンターマップ」）に目を通して確認をしましょう。

【例題24 回答：ア】

Ⅱ狩猟に関する法令
2鳥獣の保護及び管理並びに狩猟の適正化に関する法律（鳥獣法）
（9）捕獲規制区域等（16）指定猟法禁止区域

---

⑦ 指定猟法禁止区域

【例題25】

> 『指定猟法禁止区域』について、次の記述のうち適切なものはどれか。
> ア．住民の生命や財産を守るために「銃器の使用禁止」などを定めた区域である。
> イ．「水辺域における鉛散弾使用禁止」など、鳥獣の保護に重要な支障をおよぼす恐れがある猟法の使用を禁止する区域である。
> ウ．爆発物や毒薬などの使用を禁止した区域である。

【要点：おおむね『鉛散弾規制区域』を指す】

　指定猟法使用禁止区域は、『鳥獣の保護に重要な支障を及ぼすおそれがあると認められる猟法』を禁止する区域です。鳥獣保護区のように、全国的な見地から規制する場合は環境大臣が、地域的な見地からは都道府県知事が指定します。

　「特定猟具使用禁止・制限区域」と区別がつきにくいかもしれませんが「指定猟法」とは「法定猟法の中での1つの猟法」で、近年では『水辺における鉛散弾の使用禁止（**鉛散弾規制区域**）』が該当します。

【例題25 回答：イ】

Ⅱ狩猟に関する法令
2鳥獣の保護及び管理並びに狩猟の適正化に関する法律（鳥獣法）
（16）指定猟法禁止区域

---

⑧ 銃猟の時間規制

【例題 26】

> 銃猟の時間規制について、次の記述のうち正しいものはどれか。
> ア．日没後から日の出前までは銃猟が禁止されているが、わな猟や網猟には時間規制がないため、夜間であっても架設ができる。
> イ．日没または日の出の定義は狩猟者の感覚的なものであり、目がよい人は夜遅くまで、または朝早くから銃猟ができる。
> ウ．日没後から日の出前までに行う夜間銃猟は原則禁止されているが、環境省令で定める一定の条件に従えば、一般狩猟者でも夜間銃猟は可能である。

【要点１：日の入りと日の出の時間は国立天文台が決める】

　銃猟は日没から日の出までの時間は禁止されています。注意点として、この「日没」と「日の出」の時間は感覚的なものではなく、国立天文台が発表する「こよみ（暦）」のことです。この暦は日にちと都道府県によって異なるため、出猟前には必ず当日・狩猟をする都道府県の「日の入り」と「日の出」の時間をハンターマップ等で確認してください。

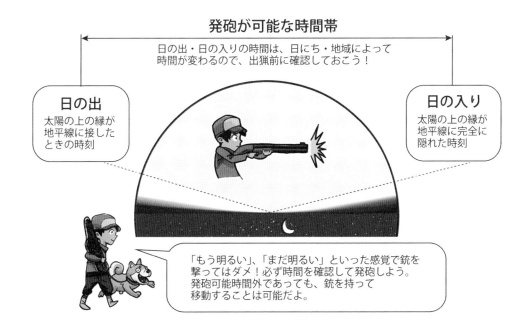

【要点２：一般狩猟者は、夜間銃猟は不可】

　「日の入り」から「日の出」までの時間に行う銃猟を『夜間銃猟』といいます。ただし、夜間銃猟が許可されているのは『認定鳥獣捕獲等事業者』が環境省令で定める一定の条件下でのみ行えることなので、一般的な狩猟者には関係ありません。認定鳥獣捕獲等事

業者については、第2編第4章で詳しく解説をします。

【例題26 回答：ア】

Ⅱ 狩猟に関する法令
2 鳥獣の保護及び管理並びに狩猟の適正化に関する法律（鳥獣法）
（9）捕獲規制区域等　⑥銃猟の時間規制

⑨ 土地占有者の承諾を得なければならない場所

【例題27】

次の記述のうち、正しいものはどれか。
ア．果樹園内で狩猟をする場合、土地所有者に狩猟鳥獣の捕獲許可をうけなければならない。
イ．国有林で狩猟をする場合は、林野庁から入猟の承認を受けなければならない。
ウ．垣やさくなどで囲われた土地では、土地占有者の承諾を得なければ狩猟はできない。

【要点：捕獲の許可ではなく『狩猟の承認』を受ける】

　日本では野生鳥獣は〝無主物〟なので、狩猟をする土地の人に「狩猟鳥獣を捕獲する許可」を受ける必要はありません。しかし『垣・さくなどで囲まれた土地（牧場や敷地内など）、作物のある土地（果樹園や畑など）』で狩猟をする場合は、その土地の所有者から『狩猟をする承認』が必要になります。

　なお、国有林で狩猟をする場合『狩猟の承認』を受ける必要はありませんが、管轄の森林管理事務所に入林の手続きなどが必要になる場合があります。

　余談ですが、法律的には上記の場所でのみ狩猟の承認が必要になりますが、実際の狩猟では里山や休耕地のような場所であっても、その土地の人やその場にいる人に「狩猟をやってもよいか」を尋ねて承認をもらうことが望ましいといえます。地元の人たちとトラブルを起こさないことを心がけましょう。

【例題27 回答：ウ】

Ⅱ 狩猟に関する法令
2 鳥獣の保護及び管理並びに狩猟の適正化に関する法律（鳥獣法）
（10）土地占有者の承諾等

⑩「捕獲等」の定義

【例題28】

> 次の記述のうち正しいものはどれか。
> ア．獲物に向かって発砲をした場合、当たり所が悪く逃がしてしまっても、それは「捕獲行為」をしたことになる。
> イ．鳥獣を空砲や花火などで威嚇する行為は捕獲には当たらないので、狩猟鳥獣以外に行っても問題はない。
> ウ．鳥獣保護区から獲物を追い出して捕獲することは禁止されているが、狩猟ができる場所から鳥獣保護区に逃げ込んだ獲物は捕獲可能である。

【要点1：弾が当たらなくても捕獲等になる】

　鳥獣法で定める「捕獲等」という言葉は「獲物を殺傷して手に収める」だけでなく、「生きたまま採取する」、「わなや網で獲物を拘束する」といった行為も含まれます。さらに銃猟では、「獲物に向かって発砲する」や「弾は命中したが逃げられる（半矢）」、「空砲を使って狩猟鳥獣を威嚇する」も含まれることに注意してください。

【要点2：追い出し猟の禁止】

　鳥獣保護区や休猟区など狩猟ができない場所から獲物を追い出し、禁止されていないエリアで銃猟をするといった猟法は、「追い出し猟」として禁止されています。「カモが大量に群れている銃禁エリアの池に〝花火〟を撃ち込み、飛んできたカモを撃ち落とす」といった猟法も「追い出し猟」と解釈されるので注意してください。

【例題28 回答：ア】

　Ⅱ狩猟に関する法令
　2鳥獣の保護及び管理並びに狩猟の適正化に関する法律（鳥獣法）
　（13）捕獲等の定義等　①捕獲等の定義

⑪ 銃器等による止めさし

【例題29】

> 次の記述のうち正しいものはどれか。
> ア．銃器の所持者でなくても、止めさしの用途であれば、他人から銃器を借りることができる。

イ．わなにかかった獲物がノウサギのような小動物であった場合、銃器による止めさ
　　　しはできない。
　　ウ．電気ショックで止めさしをすることは違反にあたる。

【要点１：銃器による止めさしの要件を理解する】

　捕獲した野生鳥獣は、捕獲した時点で『無主物』から捕獲した人の『所有物（家畜）』
として扱われます。よって、わなで捕獲された獣を銃器を使って『止めさし』する行為
は、狩猟ではなく〝屠殺〟とみなされるため、銃刀法上の目的外利用（猟銃・空気銃は、
狩猟・標的射撃・有害鳥獣駆除の用途のみで所持可能であり、屠殺はこの目的に含まれな
い）として違法とされてきました。

　しかし近年、くくりわなにかかったイノシシが暴れて狩猟者が死傷するケースが後を絶
たないことから、下表の条件において銃器による止めさしが容認されるようになりました。

銃器による止め刺しの条件
止め刺しを実施する人は、その都道府県で銃猟者登録を受けていること。
止め刺しをする場所が銃禁エリアでないこと。
獲物の動きを確実に固定できない『くくりわな』などにかかっている場合。
わなにかかっているのがイノシシやオスジカ（有害鳥獣駆除ではクマ類も）といった獰猛かつ大型の動物であること。
わなをしかけた狩猟者の同意があるうえで行われること。
跳弾や誤射などの危険性がないことが確保されていること。

【要点２：電気ショッカーは止めさしに利用できる】

　わなにかかった獲物に電極を突き刺し感電状態にする『電気ショック（電気殺処分器）』
は、禁止猟法に含まれていないため止めさしに使用することは問題ありません。ただし、
感電事故等には十分注意して取り扱いましょう。

【例題29 回答：イ】

　Ⅱ狩猟に関する法令
　２鳥獣の保護及び管理並びに狩猟の適正化に関する法律（鳥獣法）
　（13）捕獲等の定義等　①捕獲等の定義

⑫ 残滓の取扱い

【例題30】

> 次の記述のうち正しいものはどれか。
> ア．捕獲した鳥獣をその場で解体し、内臓や骨といった部位をその場に放置して帰ることは、問題にはならない。
> イ．捕獲した鳥獣が思いのほか大きかったり、運搬する道具を持っていなかった場合は、例外としてその場に放置することができる。
> ウ．捕獲した鳥獣を放置することは違反となるが、地形や地質、積雪等で持ち帰ることが困難で、埋設も困難と認められる場合は、例外として認められる。

【要点1：捕獲した獲物は原則すべて持ち帰るか、適切に埋設する】

　捕獲した鳥獣は、全量を持ち帰るか、全量または骨や内臓などの残滓を〝適切に埋設〟する必要があります。どういった基準を「適切」とするかは明確な定めはありませんが、「埋めた獲物の死体や残滓を野生鳥獣が簡単に掘り返せない程度に深い穴を掘る」程度の対応は必要だといえます。

　なお、狩猟で捕獲した獲物やその残滓は、一般廃棄物（生ごみ）として出しても問題ありません。ただし狩猟者のマナーとして、血や内臓がゴミ袋の外側から見えたり、臭いが漏れないように対処をしましょう。有害鳥獣駆除の場合は、都道府県や市町村から発行される捕獲許可証に「捕獲後の処置」という記載があるので、その内容に従って処分してください。

【要点2：持ち帰りが困難な場合は、例外的に放置可能】

　大型獣を捕獲した際に、地形や地質で持ち帰るのが困難であり、さらに地面が雪に埋もれて埋設も困難な場合は、例外的に捕獲した狩猟鳥獣を放置することができます。ただし狩猟者として「回収が困難な気象・場所で狩猟をやらない」というのが大前提です。

【例題30 回答：ウ】

　Ⅱ狩猟に関する法令
　2鳥獣の保護及び管理並びに狩猟の適正化に関する法律（鳥獣法）
　（15）残滓放置規制

1-7 鳥獣捕獲等の許可、鳥獣の飼養許可並びに ヤマドリ及びオオタカの販売禁止

① 捕獲許可制度

【例題31】

> 次の記述のうち正しいものはどれか。
> ア．鳥獣の捕獲許可は、レジャー目的でも申請を行うことができる。
> イ．非狩猟鳥獣や、鳥のひな・卵であっても、環境大臣または都道府県知事から捕獲許可を受けることで、捕獲が可能になる。
> ウ．鳥獣の捕獲許可が下りた場合は、1年を通して全国的に許可の下りた鳥獣を捕獲することができる。

【要点1：狩猟制度と捕獲許可制度は全く別の制度】

　捕獲許可制度では、例えば「学術研究」や「鳥獣の保護」、「鳥獣の個体数管理」、「生活環境や農林水産業の被害防止」、「博物館や動物園などの施設に展示」、「愛がんのための飼養」といった目的がある場合、環境大臣または都道府県知事がその申請に対して『捕獲許可』を出すことで、その鳥獣を捕獲することができます。

　なお、ここでいう「鳥獣」は、狩猟鳥獣である必要はありません。捕獲の許可が下りれば、狩猟鳥獣でないニホンザルやカモシカ、ドバトといった鳥獣も捕獲可能ですし、狩猟期間外であっても問題ありません。捕獲許可制度を理解するためには、まず「狩猟制度とはまったく別の話」ということを頭に入れておいてください。

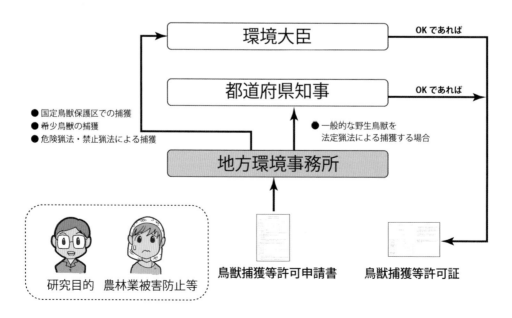

狩猟制度と捕獲許可制度の違いは下表になります。

	狩猟制度	捕獲許可制度
捕獲対象	狩猟鳥獣（ひな・卵を除く）	すべての鳥獣（ひな・卵を含む）
捕獲の理由	問わない	学術研究、農林水産業の被害防止、鳥獣の保護・個体数管理など
捕獲にあたる申請	必要なし（法定猟法を使用する場合は狩猟免許の取得と狩猟者登録が必要）	環境大臣または都道府県知事（有害鳥獣捕獲では市町村長）が許可を出す
捕獲者の資格要件	法定猟法にあたっては 網：網猟免許 わな：わな猟免許 装薬銃、空気銃：第一種銃猟免許 空気銃：第二種銃猟免許	申請内容により異なるが、有害鳥獣捕獲の場合は原則として、使用する猟具に応じた狩猟免許が必要。
対象地域	鳥獣保護区、休猟区、狩猟が禁止されている区域以外	許可された範囲内
時期	狩猟期間	許可された期間
方法	禁止された猟法以外（法定猟法では網猟、わな猟、銃猟）	許可された方法（危険猟法によっては制限あり）

【要点2：有害鳥獣捕獲は捕獲許可制度内で行われる】

捕獲許可制度は狩猟制度とは別制度なので詳しく知っておく必要はありませんが、捕獲許可制度で実施される『有害鳥獣捕獲』は狩猟者にとっても関係してくる点なので、しっかりと理解しておきましょう。

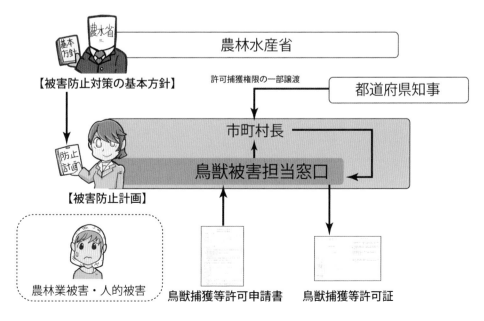

有害鳥獣捕獲は、2007年に制定された『鳥獣による農林水産業等に係る被害の防止のための特別措置に関する法律』（鳥獣被害防止特措法）で仕組みが作られており、これにより都道府県知事の持つ「捕獲許可を出す権限」の一部または全部が市町村長に譲渡されます。

　市町村は野生鳥獣被害の現場に最も近い行政機関なので、都道府県が許可を出すよりも迅速に有害鳥獣対策が行えるようになりました。なお、この制度は〝任意〟なので、上記のような仕組みを持たない市町村もありますが、少なくとも2016年には1,500の市町村（全国市町村の約9割）がこの仕組みを採用しています。

【要点3：鳥獣被害対策実施隊を覚えておく】

　許可捕獲制度に関してはもう一つ、鳥獣被害対策実施隊について理解しておきましょう。

　先述の仕組みで、市町村は被害現場の状況に則した有害鳥獣対策が実施可能となりますが、一般的な人が畑に出没するイノシシやニホンジカを捕獲したり侵入を防いだりといったことはなかなかできません。そこで各市町村では「被害防止施策に積極的に取り組むことが見込まれる者」を鳥獣被害対策実施隊に任命し、鳥獣被害対策や生息状況の調査、鳥獣の捕獲などの取り組みを実施しています。

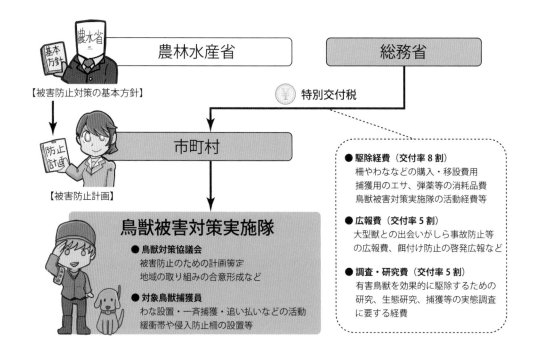

　鳥獣被害対策実施隊の中でも、特に捕獲活動に従事する隊員は「対象鳥獣捕獲員」と呼ばれており、一般狩猟者が任命されることもよくあります。なお、任命された者は非常勤特別職の地方公務員であり、「捕獲報奨金」といった名目で報酬が支払われることもあり

ます。近年、地方では野生鳥獣による農林業被害が加速度的に増えているので、これから狩猟者を目指す人は、是非参加を検討してみてください。

　なお、対象鳥獣捕獲員の任命は市町村長が行いますが、どのような基準で任命をするかは市町村によって異なります。気になる人は市町村の農林振興課などに問い合わせるか、「○○市町村　鳥獣被害防止計画」で検索してみるとよいでしょう。

【例題31 回答：イ】

　Ⅱ狩猟に関する法令
　２鳥獣の保護及び管理並びに狩猟の適正化に関する法律（鳥獣法）
　（11）鳥獣の捕獲許可等

② 鳥獣のはく製販売・飼養等

【例題32】

次の記述のうち適切なものはどれか。
ア．ヤマドリの生体を販売する場合は都道府県知事から許可を受ける必要があるが、剥製や食肉などを販売する場合は許可を受けなくてもよい。
イ．狩猟で捕獲したヤマドリ以外の狩猟鳥獣を販売や飼育等する場合は、都道府県知事からの許可を受ける必要はない。
ウ．狩猟鳥獣（ひなを除く）であれば、どのような鳥獣であっても捕獲の許可や飼養登録を受けずに飼養が可能である。

【要点１：ヤマドリは販売禁止鳥獣】
　狩猟で捕獲した狩猟鳥獣は、食肉（ジビエ）として消費することはもちろん、剥製や標本にしたり、生け捕りにして飼養、繁殖、販売することもできます。ただし「ヤマドリ」については『販売禁止鳥獣』に指定されているため、生体や剥製、肉などを販売する場合は、都道府県知事の許可を受けなければなりません。なお、販売禁止鳥獣には「オオタカ」も含まれますが、オオタカは狩猟鳥獣ではないため、捕獲許可が無ければ捕獲することはできません。

【要点２：特定外来種は飼養禁止】
　先に「狩猟鳥獣は飼養や販売が許可なくできる」と述べましたが、狩猟鳥獣であっても、アライグマ（カニクイアライグマを含む）、ミンク（アメリカミンク）、ヌートリア、タイワンリス（クリハラリス）は『特定外来生物』に指定されているため、これら獣を飼

養したり、生体として販売することはできません。

特定外来生物については、『第2編第4章（4—5）外来生物対策』でも詳しく解説をします。

【例題32 回答：イ】

Ⅱ狩猟に関する法令

2鳥獣の保護及び管理並びに狩猟の適正化に関する法律（鳥獣法）

（11）鳥獣の捕獲許可等　③飼養 ④販売

1—8　猟区

【例題33】

> 『猟区の種類』についての次の記述のうち、適切なものはどれか。
> ア．捕獲調整猟区の中には、キジのメスであっても狩猟ができるところもある。
> イ．猟区（放鳥獣猟区を含む）を設定できるのは、国または都道府県、市町村といった行政機関に限られる。
> ウ．放鳥獣された狩猟鳥獣のみを捕獲対象とした猟区は放鳥獣猟区と呼ばれている。

【要点1：猟区の定義】

　「猟区」とは、猟場（鳥獣保護区、休猟区、狩猟ができない区域以外の場所）の一部を区切り、放鳥獣などを行い狩猟鳥獣の保護と繁殖を図った区域のことを指します。また猟区は、猟区の設定者（国や都道府県、市町村、猟友会や森林組合などの民間団体）により狩猟者の制限や捕獲等数の制限などのルールが設けられており、入猟する際は入猟承認料を支払う必要があります。イメージ的には「天然釣り堀の狩猟バージョン」です。

　なお、令和3年時点における猟区は、北海道の『西興部村猟区』、『占冠村猟区』、神奈川県の『清川村猟区』など、国内に13ケ所しかありません。

【要点2：放鳥獣猟区】

　例題5で解説したとおり、猟区内で狩猟をする場合は狩猟期間が延長されています。また猟区には、放鳥獣をしている狩猟鳥獣のみを捕獲対象とした放鳥獣猟区と、それ以外の猟区（狩猟読本では「捕獲調整猟区」と記載）があります。

　キジやヤマドリを放鳥している放鳥獣猟区では、キジ・ヤマドリのメスを狩猟できる場合があります。ただし、令和5年時点では放鳥獣猟区を設定している場所はありません。

【要点３：狩猟税が安くなる特例】

　狩猟者登録をする際には、狩猟をする場所を「都道府県内全域」と「放鳥獣猟区のみ」が選択できます。「放鳥獣猟区のみ」を登録した場合は、その登録区分では放鳥獣猟区のみでしか狩猟ができませんが、狩猟税の税率が４分の１になります。ただし令和５年時点では全国的に放鳥獣猟区はないため、この制度は実質的には形骸化しています。

【例題33 回答：ウ】

Ⅱ狩猟に関する法令
２鳥獣の保護及び管理並びに狩猟の適正化に関する法律（鳥獣法）
（１２）猟区　②猟区の種類

猟銃・空気銃所持許可の要点

　銃刀法に関する知識は、一応狩猟免許試験には含まれていませんが、銃猟を行う人は避けて通れません。そこでこのコラムでは、猟銃（鳥獣法では「装薬銃」）と空気銃の〝所持許可〟に関して簡単に解説をします。

●銃はどうやったら持てる？

　銃猟に使用する散弾銃やライフル銃、空気銃は、扱い方を一つ間違えると、大事故や大事件につながりかねない非常に危険な道具です。そこで日本では、「公安委員会が〝許可〟を出した場合に限り、銃を所持できる」という仕組みになっており、これを『猟銃空気銃所持許可制度』といいます。

　もちろん、警察も危険な銃器を民間人にホイホイと持たせるわけにもいかないので、所持許可制度では右のチャートに沿って進みます。

●最大の難関〝初心者講習〟とは？

　所持許可制度の流れで最初にして最大の関門となるのが『猟銃等講習会初心者講習』の受講です。この講習会の最後には筆記試験（建前は〝講習〟なので『考査』と呼ばれます）があり、これに合格するのがなかなか大変です。近年では比較的簡単になったといわれていますが、都道府県によっては「10人に2人しか受からない」というところもあります。

　まだ銃器を所持していない人は、狩猟免許試験を超えたあとも厳しい道を進んでいくことになると思いますが、銃猟の世界はその苦労に見合った喜びと楽しさがあります。しっかりと予習をして、この最大の難関である初心者講習を突破しましょう！

猟銃・空気銃の所持許可に関しては『猟銃等講習会（初心者講習）考査絶対合格テキスト＆予想模試試験5回分（第6版）』も併せてチェックしてください！

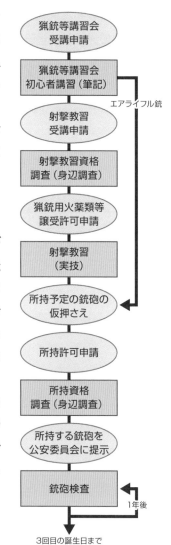

猟銃等講習会
受講申請

猟銃等講習会
初心者講習（筆記）

エアライフル銃

射撃教習
受講申請

射撃教習資格
調査（身辺調査）

猟銃用火薬類等
譲受許可申請

射撃教習
（実技）

所持予定の銃砲の
仮押さえ

所持許可申請

所持資格
調査（身辺調査）

所持する銃砲を
公安委員会に提示

銃砲検査

1年後

3回目の誕生日まで

第2章.

猟具に関する知識

2—1　装薬銃、空気銃の種類、構造及び機能

① 装薬銃・空気銃の分類

【例題1】

> 次の記述のうち正しいものはどれか。
> ア．「装薬銃」は、散弾銃、ライフル銃、エアライフルに大別される。
> イ．銃腔長の 1/2 以下にライフリングが施されている銃身を持つ銃器は、散弾銃と同じ要件で所持することができる。
> ウ．「ライフル銃以外の猟銃」は、「散弾銃」と「ライフル銃及び散弾銃以外の猟銃」に大別される。

【要点1：装薬銃と空気銃の分類】

装薬銃 火薬の燃焼ガスの圧力で弾丸を発射する銃器	ライフル銃以外の猟銃	散弾銃 銃腔が平滑な構造（スムーズボア）で、散弾実包に込められた散弾やスラッグ弾を発射する銃器。
		ライフル銃及び散弾銃以外の猟銃 主に、散弾実包に込められた「サボット弾」を発射する銃器。
	ライフル銃 銃腔長の 1/5 以上（※）のライフリングが施された銃身を持ち、ライフル実包を装填してライフル弾を発射する銃器。	
空気銃 空気や炭酸ガスの圧力を利用して金属製弾を発射し、銃口付近で 20 ジュール毎平方センチメートル以上のパワーを持つ銃器。		

　装薬銃と空気銃は上表のように分類されます。

【要点2：「ハーフライフル」の要件変更】

　日本国内では、海外で流通している「ライフリング付き銃身を持つ散弾銃」（ライフルド・バレル・ショットガン）のライフリングを一部削った銃器を「ライフル銃及び散弾銃

以外の猟銃」として、散弾銃と同じ要件で所持することができます。この銃器は通称「ハーフライフル」と呼ばれていましたが、令和6年度の銃刀法改正においてライフル銃の要件が「1/2以上」から「1/5以上」に変更されたため、従来の「ハーフライフル」は散弾銃と同じ要件では所持できなくなりました。なお、これら銃の総称として、従来のハーフライフルを「特定ハーフライフル」、ライフリングを1/5未満にした銃を「ハーフライフル」と呼ぶこともあるようですが、令和6年7月時点で共通した呼び方は確立されていないようです。

【要点3：「空気銃」の分類】

空気銃は、「エアソフトガン」、「準空気銃」、「空気拳銃」、「空気散弾銃」などに分類されます。この中で、銃口付近のパワーが〝20ジュール毎平方センチメートル以上〟のものだけが、狩猟・有害鳥獣駆除・標的射撃の用途として所持許可を受けることができ、通称「エアライフル」と呼ばれています。

【例題1回答：ウ】

Ⅳ猟具に関する知識　3—1銃器　（1）銃器の分類

② 銃器各部の名称

【例題2】

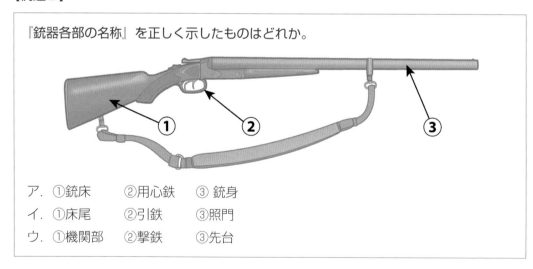

『銃器各部の名称』を正しく示したものはどれか。

ア．①銃床　　②用心鉄　　③銃身
イ．①床尾　　②引鉄　　　③照門
ウ．①機関部　②撃鉄　　　③先台

【要点：銃器各部の名称を覚える】

　主な銃器各部の名称は下図の通りです。部位はさらに細かく分けることもできますが、ひとまずは最低限度の知識として、下図に示した名称を覚えておきましょう。狩猟免許試験には出題されないとは思いますが、括弧書きでカタカナ名称も載せているので、参考にしてください。

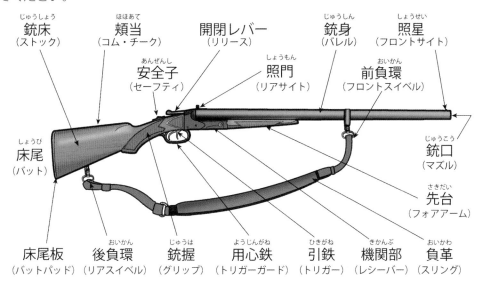

【例題2回答：ア】

IV猟具に関する知識3—1銃器（2）銃器の各部の名称

③ 激発構造の仕組み

【例題3】

『装薬銃の仕組み』の記述について、正しいものはどれか。
ア．撃鉄から強い衝撃を受けた撃針は火花を発生させ、その火花が実包内の火薬に着火して燃焼が始まる。
イ．一般的な銃器の構造として、引鉄と撃鉄は直接噛み合っており、引鉄を引くと、ここの噛み合いが外れて撃鉄は撃針を叩く。
ウ．火薬は燃焼するとガスになる。密閉された薬室内では、ガスの圧力は高圧になるので、その圧力で弾丸は発射される。

【要点：弾が発射されるメカニズムを知る】

　種類やメーカーなどによって若干の違いはありますが、装薬銃の『弾を発射するメカニ

ズム』は下図のとおりです。要点としては『引鉄』→『逆鈎』→『撃鉄』→『撃針』と銃内部の部品が駆動していき、撃針は雷管を叩くことで『雷管』→『火薬』の順に反応が進みます。

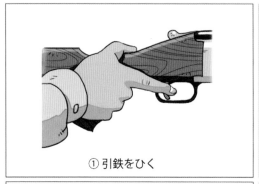

① 引鉄をひく

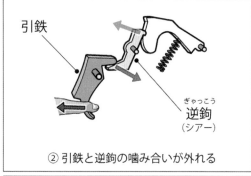

② 引鉄と逆鈎の噛み合いが外れる

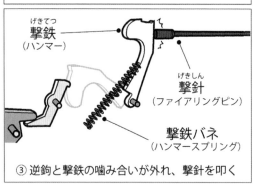

③ 逆鈎と撃鉄の噛み合いが外れ、撃針を叩く

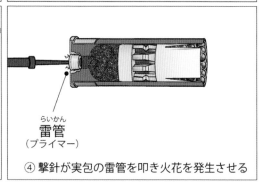

④ 撃針が実包の雷管を叩き火花を発生させる

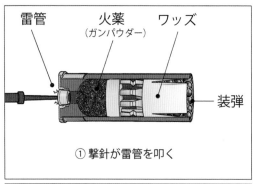

① 撃針が雷管を叩く

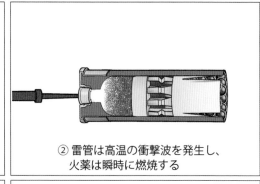

② 雷管は高温の衝撃波を発生し、火薬は瞬時に燃焼する

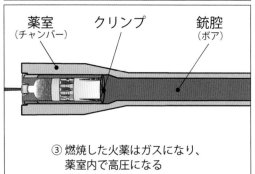

③ 燃焼した火薬はガスになり、薬室内で高圧になる

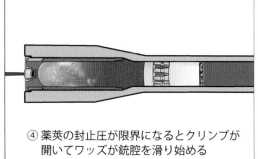

④ 薬莢の封止圧が限界になるとクリンプが開いてワッズが銃腔を滑り始める

【例題3回答：ウ】

Ⅳ猟具に関する知識　3—1銃器　（3）散弾銃の仕組みと構造

④ 引鉄

【例題4】

次の記述のうち正しいものはどれか。
ア．引鉄がカタカタと音を立てる「遊び」は故障の一種であり、すぐに修理してガタ
　　付きをなくさなければならない。
イ．引鉄の重さは、狩猟用の銃の場合は約2.0キログラムが適当である。
ウ．安全装置をかけていれば、撃鉄が落ちることは絶対にないため、暴発が起きる可
　　能性はなくなる。

【要点1：引鉄の遊びと重さの仕組み】

引鉄の『遊び』は、「引鉄が逆鉤に触れるまでの隙間」のことです。この遊びが無い（隙間が極端に短い）と、引鉄に触れただけで弾が発射されてしまうのでとても危険です。銃器を扱っていて遊びが極端に減るような状況になった場合、引鉄と逆鉤の隙間に異物が挟まっている可能性があるので、銃砲店に検査を依頼してください。

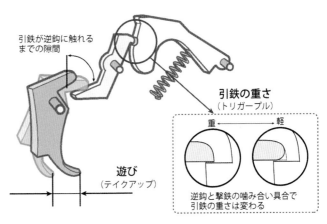

【要点2：『重さ』は狩猟用の銃器では2.0kgが目安】

引鉄の『重さ』は、「撃鉄が落ちるまでに引鉄に加える重さ」のことです。この重さは「逆鉤と撃鉄の噛み合い具合」で決まり、噛み合いが深ければ深いほど重くなります。

一般的に、狩猟用の銃器の引鉄の重さの目安は『2.0kg』とされており、これは獲物を視認して撃鉄が落ちるまでに〝少しの間〟が生まれるぐらいの重さです。狩猟では発砲先の安全を最後の最後まで確認しなければならないので、この〝間〟が安全な射撃のために重要になります。なお、標的射撃用（クレー射撃など）に使用する銃器は発砲先の安全が担保されているため『1.5kg』と軽めの設定になっています。

先に述べたように引鉄の重さは『噛み合い具合』で決まっているため、銃器を長く使っていると摩耗により噛み合いが緩くなっていきます。ある時、急に「引鉄が軽くなった」といった現象が生じたら、それは逆鈎の摩耗や、噛み合い部分の〝欠け〟といった問題がある可能性が高いので、銃砲店に検査を依頼してください。

【要点3：安全装置の仕組み】

　安全装置（射手が操作する部分は『安全子』）は、部品が引鉄にかみ合って、引鉄が動かないようにする仕組みになっています。

　ここで重要なのは、安全装置は〝暴発を防ぐ仕組みではない〟ということです。先に説明した通り、撃鉄は逆鈎とかみ合って止まっています。そのため、たとえば銃器を落とすなどで強い衝撃が加わると、逆鈎と撃鉄の噛み合いが外れて撃鉄が落ちてしまう可能性があります。銃器を扱う際は「安全」という言葉を過信しないように注意してください。

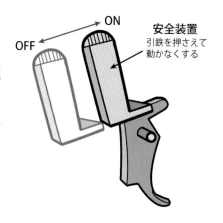

ON
OFF

安全装置
引鉄を押さえて
動かなくする

【例題4回答：イ】

Ⅳ猟具に関する知識
　3─1銃器　（3）散弾銃の仕組みと構造　②銃器の構造

⑤ 銃身

【例題5】

次の記述のうち正しいものはどれか。
ア．散弾銃の銃口部分の内径は0〜1ミリメートル程度狭くなっており、発射した散弾の散開の度合いを調整することができる。
イ．一般的に、銃身は短いほど取り回しがよくなるが、有効射程距離が大幅に短くなる。
ウ．スラッグ弾やサボットスラッグ弾は、絞りの狭いチョークで発射することが望ましい。

【要点1：チョークは主に5種類】

　絞り（チョーク）は、散弾銃の銃身の口径部分が徐々に狭くなっていく部分を指しま

す。チョークは、０インチ（銃口と同じ長さ）から0.04インチ（約１㎜）の幅で0.01インチ（0.25㎜）刻みで狭くなっており、それぞれ『シリンダー（平筒）』（０インチ）、『インプシリンダー（1/4絞り）』（0.01インチ）、『モデ（半絞り）』（0.02インチ）、『インプモデ（3/4絞り）』（0.03インチ）、『フル（全絞り）』（0.04インチ）という名前が付いています。

　なお、チョークには逆に銃口が広くなっているタイプもあり、「スキート」と呼ばれます。

【要点２：チョークは散弾の散開度を調整する】

　チョークは、発射した散弾の〝散開〟を調整する目的があります。発射された散弾（正確には『散弾が入ったワッズカップ』）は、銃口の口が狭いほど弾の〝まとまり〟がよくなるため、遠方における散弾の〝まとまり具合〟（散開度）は狭くなります。逆に、銃口の口が広いほど弾の〝ばらけ具合〟が大きくなるので、近距離における弾の命中率は高くなります。

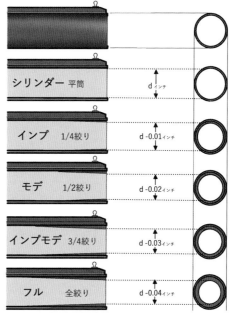

　具体的に、シリンダーで発射した散弾は約20ｍを過ぎたあたりで１㎡の範囲に散開するのに対し、フルで発射した散弾は１㎡の範囲に広がるまで40ｍほどかかります。

　チョークについて理解しておかなければならないことは、散弾の散開は「早ければよい」とか「遅ければよい」というわけではないことです。例えば数十メートル先を飛んでいるカモを狙う場合、散弾が近距離で散開してしまうと、弾が命中する確率が落ちてしまいます。対して、数メートル先を飛ぶキジバトを狙う場合、弾のバラつきが狭すぎると、これもまた命中率が落ちてしまいます。このようにチョークは、獲物の種類や実際に通う猟場の状況などを考慮して決める必要があります。

【要点３：銃身長による変化】

　銃器の銃身の長さは、散弾銃で散弾を発射する場合は『26インチ〜30インチ』（約66㎝〜約76㎝）、スラッグ弾（１発弾）を発射する場合は『20インチ〜22インチ』（約50㎝〜約56㎝）、ライフル銃は『24インチ』（約61㎝）が一般的です。なお、銃刀法では『48.8cm以下（19インチ以下）の銃身は所持許可が下りない（猟銃の場合）』とされています。長い分には規制はありません。

　銃身は短ければ短いほど銃全体の重量が軽くなるため、持ち運びがしやすくなったり、

照準を付けた際の腕にかかる負担が減るメリットがあります。ただし、銃が軽くなると弾を発射した際の反動が強くなり、銃を支えている肩に強い負担がかかったり、銃口が跳ね上がって連射性能が低下するといったデメリットがあります。

　スラッグ弾専用の散弾銃やライフル銃が、一般的な散弾銃よりも銃身が短いのは、弾が銃口を抜けるまでの抵抗（抜弾抵抗）が大きいためです。そのため長すぎる銃身でスラッグ弾などを発射すると、銃身内が高圧になりすぎて破損する危険性があるので注意しましょう。

　また、スラッグ弾は「チョーク付きの銃身でも発射できる」とされていますが、「フルチョークで撃って銃身が破損した」などの事故例もあるので、スラッグ弾の種類やメーカーの注意事項をよく確認しましょう。

【要点４：銃身は長くても、射程距離はほぼ変わらない】

　ベテランの狩猟者の中には、しばしば「長い銃身を使うと、射程距離や弾の威力が上がる」と言う人がいますが、実際は銃身の長さと射程距離・威力はほぼ関係がありません。例題３で述べたように、弾は火薬が燃焼することで発生するガスの圧力で発射されます。よって、火薬の燃焼が終わるとそれ以上圧力は上がらないため、長い銃身を使っても弾を加速させるエネルギー量は大きく変わりません。

　もちろん、短すぎる銃身では『不完全燃焼の火薬が銃口から飛び出す』といった問題が発生しますが、弾を作っているメーカーは一般的な銃身の長さで最も効率的になるように火薬の量や燃焼スピードなどが調整されています。そのため、自分で実包を製造する『ハンドロード』を行わないのであれば、特に気にする必要はありません。

【例題５回答：ア】

Ⅳ猟具に関する知識
　3—1銃器　（3）散弾銃の仕組みと構造　②銃器の構造

⑥ 散弾銃の口径

【例題６】

次の記述のうち正しいものはどれか。
　ア．散弾銃の「12番」の口径は、銃口の長さが「12ミリ」である。
　イ．散弾銃の銃口の長さは「番」、ライフル銃はインチまたはミリで表示される。
　ウ．日本で使用されている散弾銃の口径は、8番が最も多く、続いて12番が多い。

【要点：散弾銃の口径は『番』で表記される】

　散弾銃の口径は「番（ゲージ）」で表記されます。これは「1ポンドの球体の弾丸を発射できる口径を『1番』とし、その分割数」を意味しています。例えば12番の口径は「1/12ポンドの鉛の球体を発射できる内径の散弾銃」という意味になります。

　散弾銃の口径は世界的・歴史的にみて数多くありますが、現代では世界的に『12番』の口径が使用されています。この「12番」が選ばれている理由は「人間が手にもって使用する銃器として、反動と威力のバランスが取れている」といった感覚的なところからきています。

　鳥獣法では、「口径の長さが『10番』を超える散弾銃は使ってはいけない」とされているので、最大「11番」の散弾銃は使えます。しかし、銃刀法上では狩猟・標的射撃に使用できる散弾銃の最大口径は「12番」となっているので、実質最大口径は「12番」ということになります。なお、有害鳥獣駆除で「トド」などの大型海獣を捕獲する場合は、例外的に「8番」まで所持が可能とされています。

　日本国内では12番以外にも「20番」がよく使われており、12番よりも反動が小さいため女性狩猟者にも人気があります。また、さらに口径が短い「410番」（0.41インチ口径）の散弾銃もあります。

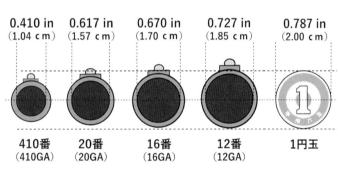

【例題6回答：イ】

Ⅳ猟具に関する知識
3−1銃器　（3）散弾銃の仕組みと構造　②銃器の構造

⑦ ライフリング

【例題7】

次の記述のうち正しいものはどれか。
ア．ライフル銃の口径表示は世界的に統一的な表示がないが、日本の法律ではライフリングの山−山の長さを口径として用いている。
イ．ライフルの弾頭は大きいほど威力が増すので、小型獣や鳥類を捕獲する目的であれば小口径のライフル銃を使うのが望ましい。

ウ. ライフル銃は、口径のサイズと弾頭の直径サイズが同じであれば、どのようなライフル実包でも発射できる。

【要点1：ライフリングの仕組み】

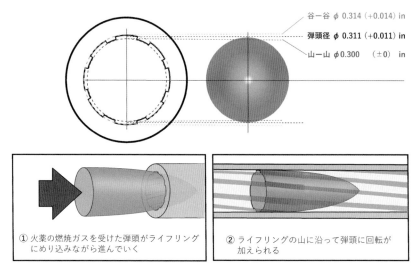

谷一谷 φ 0.314（+0.014）in
弾頭径 φ 0.311（+0.011）in
山一山 φ 0.300　（±0）　in

① 火薬の燃焼ガスを受けた弾頭がライフリングにめり込みながら進んでいく

② ライフリングの山に沿って弾頭に回転が加えられる

　ライフリングの仕組みは上図のようになっており、弾丸は銃腔の凹凸にめり込みながら進むことで回転が加えられます。ライフル銃の口径は「山〜山」、「谷〜谷」で長さが異なるため、散弾銃のように共通した表記方法がありません。

　さらにライフル銃は精密な射撃をするために、発射する弾頭の長さや薬莢のサイズなどが決まっているため、同じ直径の弾頭でも使用できる実包の種類が決まっています。

　例えば、現代の日本で最も多く普及している「.308 ウィンチェスター」と呼ばれるライフル実包の弾頭と、「30-06 スプリングフィールド」と呼ばれる実包の弾頭は、直径は同じ「0.3 インチ」です。しかしこの2つは使用する薬莢の長さなどが異なるため、1丁のライフル銃で両方の弾を使用することはできません。

　よってライフル銃で狩猟を行う場合は、捕獲したい獲物や猟場の状況を想定して最適な弾の種類を選び、その弾に適合する銃を選ぶ必要があります。

【要点2：ライフル獣は大型獣にのみ使用可能】

　鳥獣法ではライフル銃の使用は「原則として使用不可」とされており、「ただし、イノシシ、ニホンジカ、ツキノワグマ、ヒグマの大型獣を狩猟する場合に限り、口径 6.0 ㎜以上のライフル銃が使用できる」とされています。そのため、小型獣や鳥類にライフル銃を発射すると違反になります。

　なお、口径が 6.0 ㎜未満のライフル銃は狩猟には使えませんが、標的射撃の用途で所持は可能です。よってライフル銃の射撃競技では、「22 口径（0.22 インチ：5.5 ㎜）」のライフル銃がよく用いられています。

【例題７回答：ア】

IV 猟具に関する知識
3—1 銃器　（３）散弾銃の仕組みと構造　②銃器の構造

⑧銃器の構造

【例題８】

> 次の記述のうち正しいものはどれか。
> ア．水平二連銃、連続自動激発銃、ボルト式、スライド式は、すべて装薬銃（猟銃）
> 　　として狩猟に使用できる。
> イ．スプリング式空気銃は発射時に比較的大きな反動を感じるが、ポンプ式やプリ
> 　　チャージ式は反動がほとんどない。
> ウ．ポンプ式空気銃は銃に取り付けられたポンプを１回だけ操作すれば最大のパ
> 　　ワーを発揮する

【要点１：装薬銃の機構による分類】
●水平二連銃

　銃身が横に２本連なった構造をしており、それぞれの銃身に１発ずつ弾を装填することができます。ほとんどの場合は銃身を折ることによって薬莢の装填・排莢を行う元折式です。古くから鳥撃ち用の銃として親しまれており、現在でも多数の愛好家がいます。

●上下二連銃

　水平二連が横に並んでいるのに対して、上下に銃身が並んだ構造になっています。左右に飛んでいく標的が見やすいことや、水平二連よりも反動がコントロールしやすいことな

どの特徴から、主にクレー射撃の用途で利用されています。

●スライド式銃

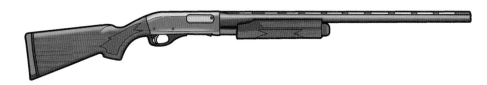

　先台を前後に動かして排莢・装填操作を行う方式で、「リピートアクション」や「ポンプ銃」、「しゃくり」といった呼ばれ方もします。自動装填式銃に比べて「排莢・装填作業に手間がかかる」という欠点がありますが、自動式に比べて回転不良（ジャム）などのトラブルが起こりにくいといった長所を持ちます。

●自動（装填式）銃

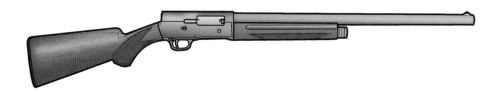

　火薬の燃焼ガスや反動を利用して排莢と装填を自動的に行う機構を持っており、「セミオート」と呼ばれることもあります。ライフル銃、散弾銃ともに多く採用されており、主に狩猟用途で使われています。なお、引鉄を引きっぱなしで連射ができる連続自動激発機構（オートマチック）を持つ銃器は、銃刀法で所持が禁止されています。

●ボルト式銃（ボルトアクション銃）

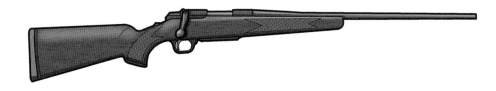

　ボルトを引く・戻す操作で薬室の開放・閉鎖を行う方式です。造りが単純で堅牢なことから耐久性や信頼性に優れており、主にライフル銃で多く採用されています。標的射撃用の専用銃は単発式が一般的ですが、狩猟用ではマガジン（弾倉）が付いた連発式が用いられます。

●アンダーレバー式（レバーアクション銃）

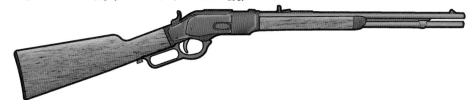

　用心鉄と一体になったレバーを前後に操作することで、排莢・次弾装填の操作を行う方式です。ライフル銃に採用されることが多い方式ですが、小口径の散弾銃でも使われることがあります。

【要点2：空気銃の機構による分類】
●スプリング式空気銃

　銃内部に強力なバネ（スプリング）の付いたピストンが入っており、バネを圧縮した状態でセットします。弾を装填して引き金を引くと、ピストンが勢いよく前方の空気を押し出して弾が発射されます。構造がシンプルなので安価で堅牢な点が長所ですが、バネの反作用やピストンがシリンダーを叩く際に大きな反動が起きるため、扱いに慣れが必要といった短所もあります。

●ポンプ式空気銃

　銃に取り付けられたレバーを数回手動で動かして蓄圧室に空気を溜め、引き金を引くことで溜めた空気を一気に放出して弾を飛ばす方式です。装薬銃の「スライドアクション銃」との混同を避けるため、「マルチストローク式」と呼ばれることもあります。
　ポンプの回数を上げると、数十メートル先のカモやキジといった大型鳥でも捕獲できるパワーを出すことができます。さらに、貯めた空気を放出するだけなので、スプリング式のような反動はほとんどありません。しかし、発射する毎にポンプ作業を行わなければならないので、連射に時間がかかるといった欠点を持ちます。

●圧縮ガス式空気銃

　液化炭酸ガスが入った小型ボンベを銃本体のチャンバー内に入れて蓋をし、その炭酸ガスが気化する圧力を使って弾を発射する方式です。

　ひと昔前までは「反動がほとんどないためスプリング式よりも扱いやすく、ポンプ式よりも手軽に連発ができる空気銃」として人気がありましたが、撃てば撃つほど気化熱でチャンバー内の温度が下がり、炭酸ガスが気化しにくくなる（射出圧力が低くなる）」といった問題があることから、プリチャージ式が主流になってからはほとんど見かけなくなりました

●プリチャージ式空気銃

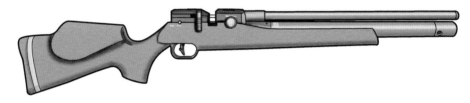

　銃本体に取り付けられた小型ボンベ（エアシリンダー）に外部から高圧空気を注入し、その空気圧を小出しにして弾を発射する方式です。「PCP」（プレチャージニューマティック）と略されることもあります。高圧空気を充塡する方法は、ハンドポンプ（自転車の空気入れの超強力タイプ）か、アクアラングなどに使われるエアタンクを使用します。

　プリチャージ式のエアシリンダーには『200気圧以上もの超高圧（※）』を貯めることができるため、そこから発射される弾も超強力になります。そのため、昔は「キジバトしか捕獲できない」と思われていた空気銃ですが、今では鳥猟の「新しいスタンダード」として注目されるほど進化しています。（※自動車のタイヤは2.5気圧程度）

【例題8回答：イ】

Ⅳ猟具に関する知識
　3―1銃器　（5）銃器の種類（機構による分類）　②空気銃

---

⑨ 最大装填数

【例題9】

> 次の記述のうち、適切なものはどれか。
>
> ア．上下二連銃は、上銃身、下銃身、弾倉に各1発ずつ装弾を充填できる。
>
> イ．自動装填式銃は、弾倉に2発、薬室に1発まで装弾を充填できる。
>
> ウ．ライフル銃と空気銃は、弾倉に6発まで装弾を充填できる。

【要点：散弾銃は弾倉2＋1、ライフル銃は弾倉5＋1】

銃の種類	弾倉に充填できる弾数	薬室に装填できる弾数	銃に装填できる弾数
ライフル銃	5発		6発
散弾銃	2発		3発
ライフル銃及び散弾銃以外の猟銃	2発	1発	3発
空気銃	5発		6発

　銃器に充填（薬室＋弾倉内に弾を込めること）できる弾の上限は上表のとおりです。散弾銃はカモの乱獲等を防止する目的で、昭和46年に銃刀法・鳥獣法施行規則の改定により、現在の「最大3発、弾倉に2発まで」に定められました。ライフル銃・空気銃に関しては鳥獣法の定める上限はありませんが、銃刀法で所持許可が下りる要件が、上記の「最大6発、弾倉に5発まで」に定められています。

【例題9回答：イ】

　Ⅳ猟具に関する知識
　3—1銃器（5）銃器の種類（機構による分類）　銃器の性能比較

2—2　装薬銃、空気銃及び実包の取扱い （注意事項を含む）

① 装薬銃の実包

【例題 10】

次の記述のうち、適切なものはどれか。
ア．散弾実包は粒状の散弾だけでなく、１発弾のスラッグ弾やサボットスラッグ弾、鳥獣駆逐用のゴム弾や花火弾などの種類がある。
イ．散弾実包に表示されている「グラム数」は、薬莢、装弾、火薬などを含めた実包全体の重さを指している。
ウ．ライフル実包は、薬莢、弾頭、ワッズ、火薬、雷管で構成されている。

【要点１：散弾実包の仕組みを理解する】

散弾実包ではワッズ（散弾の場合は容器型の「ワッズカップ」が一般的）に装弾（ショット）を充填して発射します。ワッズに入る物であれば原理上は〝なんでも〟射出することが可能なので、スラッグ弾と呼ばれる１発弾を込めることができます。このスラッグ弾にも様々な種類がありますが、近年ではチョーク付きの銃身でも比

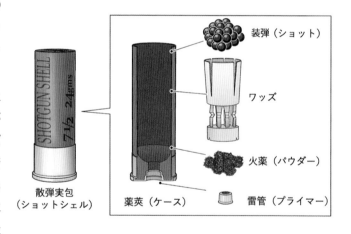

散弾実包（ショットシェル）

較的安全に使用できる「ライフルドスラグ」（空気抵抗を受けて風車のように回転しながら飛んでいくスラッグ弾）や、安定性の高い「ブリネッキ型スラッグ」がよく用いられています。

　ワッズを硬質なプラスチック（サボット）にして、その中にスラッグ弾を充填した弾が、「サボット弾」です。ライフリングを持つ散弾銃でこの弾を撃つと、サボットが食い込んで回転が加わり、射出されると分離するので、ライフル弾のようにスラッグ弾を回転させながら飛ばすことができます。

【要点２：充填されている散弾の量は「グラム」で表記される】

　散弾の装弾は「グラム数」で表記されており、12番の散弾銃では一般的に、狩猟用散

弾では「33グラム」か「36グラム」が一般的で、「3インチマグナム」と呼ばれる実包には「53グラム」が充填されています。

散弾の装弾量は、重くなるほど〝粒の数が多くなる〟（1粒の重さが変わるわけではない点に注意）ので、獲物に〝命中する可能性〟が高くなります。ただし、発射時の反動は装弾が重いほど強力になるので、どの量の装弾を使うのかは、自分の通う猟場や獲物の種類、自身の体格や体力に合わせて決める必要があります。

なお、クレー射撃（トラップ）では「24グラム以下」の装弾が使用されるため、狩猟でクレー射撃用の装弾を使うと命中確率が下がります。

【要点3：ライフル実包の仕組みを理解する】

ライフル実包では、入れ物となる薬莢の口を弾頭で圧着するようにして固定します。散弾実包では薬莢の口を星形に折り返して封止したり（スタークリンプ）、スラッグ弾の場合は端を丸めて固定します（ロールクリンプ）。

弾頭の先端にはいくつかバリエーションがあり、狩猟用では先

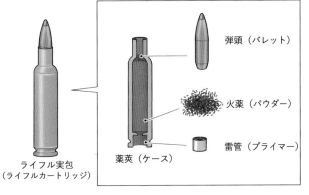

ライフル実包
（ライフルカートリッジ）

弾頭（バレット）

火薬（パウダー）

雷管（プライマー）

薬莢（ケース）

端の被膜を剥がして鉛をむき出しにした「ソフトポイント」や、小さな穴が開いた「ホローポイント」といった種類が用いられます。これは、獲物に弾が命中したときに弾頭が体内で〝潰れやすく〟するためで、弾が体内で潰れて停止すると、持っていた運動エネルギーがすべて破壊力（ストッピングパワー）に代わるため、獲物を仕留める確率が上がります。

ライフル弾頭は「グレイン」という単位の重さで表記されます。何グレインの弾頭を使うかは使用する薬莢で異なります。また、同じ薬莢であっても、例えば「308ウィンチェスター」という薬莢では「125グレイン（8グラム）」から「185グレイン（12グラム）」など差があります。

ライフル弾頭は〝ライフリングとの相性〟があり、銃の個体差によっても精密性が変わります。よってライフル射撃では自分の銃に合わせた弾頭や火薬量を自分で調整して実包を組み立てる『ハンドロード』がよく行われています。

【例題10回答：ア】

Ⅳ猟具に関する知識 3―2実包 （2）実包のしくみと構造

② 空気銃弾

【例題 11】

> 次の記述のうち、適切なものはどれか。
> ア．空気銃弾は 4.5mm、5.0mm、5.5mm が一般的で、6.35mm、7.62mm も用いられる。
> イ．空気銃弾の長さの表記は、弾の全長（高さ）を示している。
> ウ．空気銃弾は専用の薬莢に充填して使用する。

【要点：「ペレット」は大きく 5 種類ある】

　装薬銃の弾は弾頭や火薬などが薬莢に詰められた『実包』というセットであるのに対して、空気銃の場合は弾を発射するエネルギーを銃自体から供給するため実包ではありません。よって空気銃弾は一般的にはペレットと呼ばれる小さな金属製粒であり、直接銃に装填して使用します。

　ペレットの大きさにはいくつか種類があり、スポーツ用の射撃では 4.5 ㎜、一般的な狩猟では 5.5 ㎜が主流です。この他にも、国産の古い空気銃には 5.0 ㎜が使われており、5.5 ㎜よりもパワーのあるペレットとして、近年

7.62㎜	6.35㎜	5.5㎜	5.0㎜	4.5㎜
0.30 in	0.25 in	0.22 in	0.20 in	0.17 in

では 6.35 ㎜もよく使われます。もうひとつ 7.62 ㎜がありますが、これは狩猟用というよりも、わなにかかったイノシシやシカを空気銃で止めさしをする用途で使用されています。なお、ペレットは口径にあった空気銃で使用します。例えば 5.5 ㎜口径の空気銃には 5.5 ㎜のペレットを使い、4.5 ㎜口径であれば 4.5 ㎜のペレットを使用します。5.5 ㎜口径の空気銃に、4.5 ㎜や 6.35 ㎜のペレットを装填することはできません。

　ペレットの形状は様々なものがありますが、近年は『ディアボロ型』と呼ばれるスカート部分が空洞になった『てるてるぼうず型』が主流です。重さは 5.5 ㎜の場合は 16 グレイン（約 1 グラム）が一般的で、獲物の種類に応じて 34 グレイン（約 2.2 グラム）なども用いられます。

【例題 11 回答：ア】

Ⅳ猟具に関する知識
3－2実包　（2）実包のしくみと構造　④空気銃弾

---

③照準器

【例題12】

> 次の記述のうち正しいものはどれか。
>
> ア. 「スコープ」とは、遠くの標的を狙うために使用される照準器の一種で、発射された弾は必ずスコープの中心に命中する仕組みになっている。
>
> イ. 散弾を発射する散弾銃の照準器は、照星（＋中間照星）が一般的だが、スラッグ弾専用銃ではアイアンサイトやスコープなどの照準器も用いられる。
>
> ウ. 「リブ」は、散弾銃の薄い銃身を保護するために取り付けられており、照準器としての役割は一切持たない。

【要点1：照準器の基本、ゼロインを理解する】

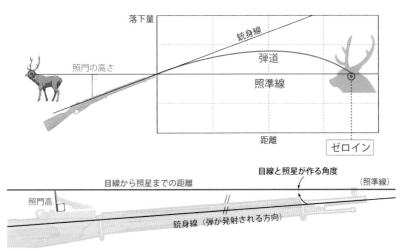

発射した弾を正確に命中させるには、銃の照準器をよく理解しておきましょう。しばしば狩猟者の間では「銃にスコープをつけていたら、弾はまっすぐに飛んでいく」と思っている人がいますが、スコープなどの照準器は調整をしなければ意味がありません。この照準器の調整はゼロイン調整と呼ばれており、一定の距離で試射を繰り返して、照準の中心に弾が収まるようにしなければなりません。具体的には、例えば『50 mの距離の的』に向かって試射を行い、その弾痕の中心に照準器の中心を合わせます。こうすることで、その銃と照準器の間には『50m 先では照準器の中心に弾が通る』という関係性を作ることができます。

ゼロイン調整の方法は照準器の種類によって異なりますが、最も原始的なタンジェントサイトと呼ばれる照準器では、照門の高さを〝上げる〟ことで、発射した弾の弾道と視線（照準線）の間に角度をつけることができます。角度は大きくなるほど弾を発射する銃身は上を向くので、より遠方にゼロインを調整することができます。

スコープの場合は照門という概念はありませんが、スコープの上面・側面に取り付けられたダイヤルを回すことで、照準の十字線（レチクル）を調整することができます。試射をして付いた弾痕にレチクルの中心を合わせることで、試射を行った距離で弾はレチクルの中心を通ることになります。

【要点2：リブとビーズサイトは散弾銃の一般的な照準器】

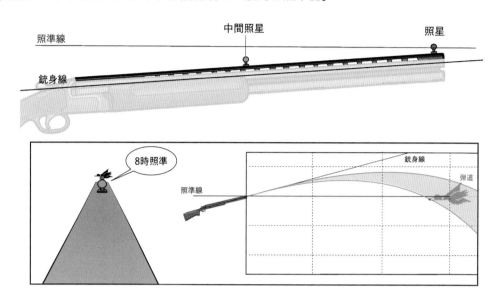

　散弾を使用する散弾銃は、標的が「飛んでいる鳥」や「飛んでいくクレー」といった高速で動くものなので、ライフル銃や空気銃（＋スラッグ弾を撃つ散弾銃）のように、じっくり狙いをつけることができません。そこで散弾銃の照準器は、広い視野を確保しながら、ある程度ザックリと狙いをつけることができる「ビーズサイト」（銃身先端の「照星」と「中間照星」のセットが一般的だが、「照星のみ」の場合もある）が使用されます。散弾も単発弾のように遠くでは弾が落ちてしまうため、ビーズサイトをやや上からのぞき込むような形で構えます。このとき照星と中間照星がわずかに重なって「8の字」に見えることから、「8の字照準」という呼ばれ方をします。

　また、散弾銃には『リブ』と呼ばれるレール状の板が銃身についています。これは、太陽光などの反射を軽減してビーズサイトを視認しやすくする効果があります。また、リブは銃口側に向けて狭くなっており、これにより視線が誘導されてまっすぐビーズサイトを見やすくするという効果もあります。

　なお、ビーズサイトは〝利き目〟（利き手と同じように、眼にも優位性がある）で覗く必要があり、利き手と利き目が食い違っていると狙いが難しくなるという問題があります。そこで近年では金属製のビーズサイトを『蛍光ファイバー性』に交換する人も多くいます。

【例題12回答：イ】

IV猟具に関する知識
　3—1銃器　（3）散弾銃の仕組みと構造　②銃器の構造

④射程距離と最大到達距離

【例題 13】

> 次の記述のうち正しいものはどれか。
> ア．散弾は号数が大きいほど、最大有効射程は長くなる。
> イ．スラッグ弾の最大有効射程距離は約 100 メートルである。
> ウ．弾丸の最大到達距離は決まっており、環境によらず常に一定である。

【要点 1：最大有効射程と最大到達距離の目安を覚える】

銃の種類		最大有効射程（m）	最大到達距離（m）	弾丸の適用鳥獣の目安
散弾銃	スラッグ（12 番）	100	700	クマ・イノシシ・シカ
	OOB（直径 8.6 mm）	50	515	イノシシ・シカ
	ＢＢ（直径 4.5 mm）		340	中型獣 カモの沖撃ち
	1 号（直径 4.0 mm）		315	
	2 号（直径 3.75 mm）		300	
	3 号（直径 3.5 mm）		290	カモ・ノウサギ
	4 号（直径 3.25 mm）		275	
	5 号（直径 3.0 mm）	45	265	キジ・ヤマドリ・カラス・テン・ノウサギ・カモの近射
	6 号（直径 2.75 mm）		250	
	7 号（直径 2.5 mm）	40	240	コジュケイ・キジバト・ヤマシギ・イタチ
	7 半号（直径 2.41 mm）		235	
	8 号（直径 2.25 mm）		225	
	9 号（直径 2.0 mm）		210	タシギ
	10 号（直径 1.75 mm）		195	スズメ
ライフル銃	30 カービン	100	1,600	シカ
	30 口径ライフル（直径 7.62mm）	300	3,200 〜 4,000	クマ・イノシシ・シカ
空気銃弾	4.5 mm〜 5.5 mm	30	310	小型鳥獣
	※ハイパワー PCP	※ 100	※ 1,000	中型鳥獣

※ PCP は使用する空気圧力を変えられるので、射出圧とペレットの相性によって最大到達距離等は大きく変化する点に注意。

「最大有効射程距離」は獲物に対して〝殺傷力がある〟とされる弾丸の最大距離で、「最

大到達距離」は殺傷力の有無にかかわらず、弾丸が最も遠くに飛んだときの距離です。

　上表はあくまでも目安で、実際の弾丸は追い風等の条件で変化し、さらに射出角度によっても変わります。大気中では、散弾は 20 ～ 30 度、ライフル弾等は 32 ～ 35 度の角度をつけたときに、最も飛距離が伸びるとされています。

【要点２：重い弾ほど空気抵抗で減速しにくくなる】

　弾丸の飛距離について注意しておかなければならない点として、「弾の重さ」と「落下速度」は関係ありません。しばしば「重い弾は落下スピードが速いので、軽い弾ほど遠くに飛ぶ」と勘違いしている人がいますが、物体が落下する加速度は重さによらず一定なので、たとえ 100 kg の重りと 1 kg の重りであっても、同じ高さから落下させたら同じ時間に地面に到着します。

　ただし、同じサイズの鉄球とピンポン玉を同じ速度で投げた時、鉄球の方が遠くまで飛んでいくように、空気中では物体は重ければ重いほど空気抵抗による減速を受けにくくなります。よって散弾は、1 粒が軽い（号数が大きい）散弾ほど、最大有効射程・到達距離は〝短く〟なります。

【要点３：弾丸の飛距離は、形状や〝回転〟によっても変わる】

　空気抵抗は物体の〝形状〟によっても大きく変わり、『音速に近くなるほど先端がとがった形状の方が空気抵抗を受けにくく、低速では球面であるほど空気中を安定して飛ぶ』という特徴があります。よって音速（時速 1,225 km）を超えて飛ぶライフル弾（時速約 3,000 km）の先端は尖っており、音速以下で飛ぶ空気銃のペレット（時速約 980 km）の先端は丸くなっています。

　さらに、回転する物体は空気中で〝揚力〟が発生するため、野球の「ストレート」のようにバックスピンがかかると弾は遠くに飛び、テニスの「トップスピン」のような逆回転がかかると早く落下します。

　また、発射された散弾は、それぞれいろんな方向に緩やかに回転しているため、遠くに飛ぶ粒もあれば、近くに落ちる粒もあります。また回転方向によっては、野球の「カーブ」や「シュート」のように弾道が曲がっていくため、散弾は「パターン」と呼ばれる弾痕の〝広がり〟を持つことになります。

　なお、ライフリングの回転は『進行方向に対する横回転（ロール）』であり、ここでいう『進行方向に対する縦回転（ピッチ）』とは意味が違う点に注意してください。

【例題 13 回答：イ】

Ⅳ猟具に関する知識
3―2実包　（3）実包の威力　②弾丸の種類と適用

③弾丸と適用鳥獣の目安

【例題14】

> 次の記述のうち正しいものはどれか。
> ア．キジやヤマドリには、5号前後の散弾を使用する。
> イ．カモやノウサギには、10号前後の散弾を使用する。
> ウ．スズメやムクドリには、OOB号散弾を使用する。

【要点：弾丸の大きさと適用鳥獣を覚えておく】

　例題13の表に『適用鳥獣』を併記しているので確認してください。余談として〝実猟的〟な話をすると、イノシシやシカ、ツキノワグマは『スラッグ弾』か『バックショット』（一般的には充填されている弾数に応じて「六粒」や「九粒」と呼ばれる。なお、猟友会では会則でこれら大型散弾の使用を禁止している）。カモやキジ、カラスなどの大型鳥類には3号か5号、ヒヨドリやキジバトには9号が狩猟者の間でよく使用されています。これ以外の号数の散弾は近年の原料不足などの影響で入手性が悪く、値段も高いといった問題があります。また、狩猟者の間では「弾は小さいほど獲物の体内に入りやすいので捕獲数が上がる」といった意見もあり、弾が余ったらクレー射撃（トラップ）で消費できる『7.5号』でカモ猟やキジ猟をする人もいます。

【例題14回答：ア】

Ⅳ猟具に関する知識
3—2実包　（3）実包の威力　②弾丸の種類と適用

④銃器の安全な取扱い

【例題15】

> 次の記述のうち正しいものはどれか。
> ア．硬い岩や竹藪に向けて発砲すると、弾丸が跳ね返って思わぬ事故を招く危険性がある。
> イ．銃口に雪や泥などの異物が混入しても、発射時の衝撃で異物は吹き飛ぶので、特に問題にはならない。
> ウ．猟場内ではいつ獲物が飛び出してくるかわからないので、銃には実包を込めて持ち運ぶことが望ましい。

【要点１：硬い物に発砲すると跳弾の危険性がある】

　高速で発射された弾丸は、硬い物体の曲面に命中すると、弾道が反れて思わぬ方向に飛んでいく『跳弾』を起こすリスクがあります。よって、これら跳弾の危険性のある物体に向けて発砲しないよう注意してください。

【要点２：銃身はちょっとした異物で裂ける危険性がある】

　銃身は頑丈そうに見えますが、実際は非常に裂けやすく作られています。これは銃身内が異常高圧になったとき、真っ先に銃身が裂けることにより射手や機関部を保護するためです。よって、銃身内にあるのが雪や泥といったわずかな異物であっても、発射時の衝撃波で銃身が割れたり、膨らんだりする可能性があります。銃器を扱う際は銃身内の異物確認を常に行う癖をつけましょう。

【要点３：発射する寸前まで弾を装填してはダメ】

　『獲物が視界内にいる』 または『発射方向の安全性が確認できており、足場も確定している』といった状況以外で、銃器に実包や空気銃弾を装填することは違反になります。銃猟による事故の大半は〝違法な装填をしないこと〟で回避することができます。

【例題15 回答：ア】

　Ⅵ狩猟の実施方法
　７銃器の取扱い上の注意事項

⑤銃器の清掃

【例題16】

次の記述のうち正しいものはどれか。
ア．機関部内部を清掃する際は、大量のガンオイルを吹いて全体に染み込ませるようにする。
イ．ライフル銃の銃身は、内部に鉛はほとんど付かないため、銃身外部を軽く拭き上げる程度でよい。
ウ．空気銃の銃身はブラシ等で擦る必要はなく、フェルト製のクリーニングペレットを数回通す程度でよい。

【要点1：銃身の掃除方法は使用する装弾で異なる】

　散弾はワッズカップに入った状態で銃腔を滑るため、基本的には鉛は付きません。しかし、火薬の燃焼カスや汚れ、水分などが付着しているので、油（粘度の低い潤滑油。「WD-40」という商品がよく使われている）を吹いたウエスを数回通して清掃しましょう。

　ライフル銃やスラッグ弾を発射した銃身は、銃腔に鉛（銅弾の場合は銅）がこびり付きます。この状態で放置すると、銃身の鉄と異種金属接触腐食を起こし、錆が生じる原因になります。そこで射撃を行ったらブラシとソルベント（溶剤）などを使って、しっかりと鉛を擦り落としましょう。

　空気銃の銃身もライフリングを持ちますが、近年のペレットは表面に特殊な加工がされており、銃腔に鉛が付着することはほぼありません。どうしても気になる人は「クリーニングペレット」と呼ばれるフェルト製のペレットを数回発射して、銃腔内の汚れ（黒い汚れが付くが、鉛ではなくペレット表面のコーティング剤）を取り除きましょう。

【要点2：ガンオイルは塗りすぎに注意】

　自動銃やスライド式銃では、排莢口などの開口部から機関部に汚れや雪などが入ることがあるので、定期的に機関内部を掃除しましょう。

　ただし、このとき『ガンオイル』を大量に塗布すると、オイルが固まったり木部に染み込んで劣化させてしまいます。ガンオイルは軽く吹いてウエスで伸ばし、余分な油を残さないようにしましょう。

　なお、上下二連銃などの元折式は、機関部の開口部がほとんどないので、メンテナンスの必要はありません。「銃を水没させた」などのトラブルが行った場合は、銃砲店に検査を依頼してください。

【例題16回答：ウ】

Ⅵ狩猟の実施方法
11 銃器の清掃　（2）狩猟の場合の清掃方法

⑥銃器の点検

【例題17】

次の記述のうち正しいものはどれか。
ア．銃身と機関部の接合部に出るガタ付きは、射撃の安全性を高める「遊び」なので修理の必要はない。
イ．銃器の点検は銃身や機関部の亀裂だけなく、銃床や先台の亀裂や劣化なども点検する必要がある。
ウ．引鉄の重さや引味を確認するため、空撃ちを何度も繰り返してチェックするとよい。

【要点1：引鉄の『遊び』と機関部の『ガタ付き』は別物】
　引鉄のガタ付きは「遊び」と呼ばれる仕様ですが、銃身と機関部のガタ付きは故障の可能性が高いので、銃砲店に点検や修理を依頼しましょう。

【要点2：空撃ちはなるべく避ける】
　空撃ち（薬室に何も入れないで撃鉄を落とす行為）は各部の摩耗やゆるみが増す危険性があるので、なるべく避けるようにしましょう。
　引鉄の動作チェックなどのために「どうしても空撃ちがしたい」というのであれば、銃身を外して撃針の飛び出す部分に柔らかい木片などを当てて行いましょう。銃身が外れていれば、暴発等の事故が起こることは絶対にありません。
　なお、空撃ちには「空撃ちケース」（スナップキャップ）と呼ばれる道具を薬室に入れて行われることもありますが、「引鉄に指を入れるクセが付いてしまう」や「周囲の人から実包を装填したと勘違いされる」などの理由で「よいこと」とされていません。

【例題17 回答：イ】

Ⅵ狩猟の実施方法　6銃器の操作方法　（1）銃器の安全点検

⑦銃器・火薬類の保管

【例題18】

次の記述のうち正しいものはどれか。
ア．銃器と実包は同じガンロッカー内に保管し、いつでも一緒に取り出せるようにしなければならない。

　イ．銃器はなるべく分解した状態でガンロッカーなどの設備に施錠して保管する。

　ウ．装薬銃（猟銃）を所持している者は、保管している実包の個数や消費数などを、
　　　法律で定められた「管理帳簿」に手書きで記入して管理しなければならない。

【要点1：銃器は分解して装弾と分けて保管】

　銃器と実包などの火薬類は、同一の設備（ガンロッカーなど）に保管しておくことはできません。銃器を保管するさいは可能な限り分解した状態で、用心鉄にはチェーン等を通しておき、実包などは装弾ロッカーなどに保管しましょう。なお、空気銃は簡単に分解できないようになっているので、薬室は開いた状態で保管しても構いません。プリチャージ式の場合は機関内部のゴム部品（Oリング）の保護のために、蓄圧した状態で保管してください。

【要点2：管理帳簿は任意のフォーマットでOK】

　実包や火薬類は管理帳簿を付けておく必要はありますが、市販されている管理帳簿や猟友会の手帳といった紙面だけでなく、Excelなどで電子的に記録しておいても構いません。ただし帳簿には、『実包・火薬の種類』、『購入・消費・廃棄等をした数（量）と日付と場所』、『保管中の残弾数・火薬残量』などを明記しましょう。また、銃砲検査などの際に帳簿の提示が求められた場合に備えて、印刷等ができる環境を整えておきましょう。

【例題18回答：イ】

Ⅵ狩猟の実施方法　12銃器・実包の管理

狩猟の服装と装備

帽子
明るいオレンジ色の物
誤射防止や怪我防止のため

狩猟用ベスト
明るいオレンジ色の物
誤射防止のため
収納性の良いものを選ぶ

銃器
狩猟スタイルや自分の体力に
よって、最適なものを決める。
銃砲店に相談するとよい。

弾帯
動き回っても弾が落ちない
しっかりとした造りのもの

ボトムス
怪我防止や体温維持のため
長ズボンなど

靴
滑り止めがあるブーツ
林業用の地下足袋など

狩猟者記章（ハンターバッヂ）
見えやすい場所に装着
落下防止のための工夫も必要

トップス
防寒性、撥水性が高い物
アウトドアウェアがよく用いられる

負革（スリング）
銃器の落下防止のため
取扱いやすい物を選ぶ

ポーチ・バッグ類
所持許可証や登録証、銃カバー、ナイフ類
予備弾、医療キットなどを収納

猟犬用GPS
猟犬の位置情報を調べるため
必ず電波法適合の物を使用

防牙ベスト
イノシシやクマ猟では
猟犬に怪我防止用のベストを
着用することもある

　『狩猟の装備』については鳥獣法施行規則上では出題範囲外ですが、大日本猟友会の『例題集』にはいくつか例題が載っているため、試験に出題される可能性があります。そこで本書では簡単に、狩猟用装備について要点をまとめます。

①オレンジベストを着用

　狩猟用の服装は法律的な決まりはありませんが、銃猟を行う人は誤射防止のため、視認性の高いオレンジ色のベストや帽子を必ず着用しましょう。猟友会に入会する人は初年度に猟友会ベストと帽子が配布されるため、これらを着用しましょう。

②無線機の利用は電波法を遵守する

　狩猟用の装備は猟法によって大きく異なりますが、なるべくコンパクトで無駄のない装備をそろえましょう。

　山の中で猟仲間と連絡を取るときは無線機が使われますが、一般的な『アマチュア無線機』は無線局の免許と登録、また通信時に細かなルールがあるので、これを遵守してください。近年では免許のいらない『デジタル簡易無線機』が普及しているため、これから新しい狩猟仲間と一緒に出猟を考えている人は、デジタル簡易無線機で統一するようにしましょう。

第3章.

鳥獣に関する知識

3—1　狩猟鳥獣及び狩猟鳥獣と誤認されやすい鳥獣の形態（獣類にあっては足跡の判別を含む）

①鳥獣の種類

【例題1】

『鳥獣の種類』について、次の記述のうち正しいものはどれか。

ア．「種」としてヤマドリに分類されていても、狩猟鳥であるとは限らない。

イ．日本には、鳥類は250種以上、獣類は約30種（ネズミ・モグラ類、海生哺乳類を除く）が生息している。

ウ．ネズミ科の獣は保護されていないので、自由に捕獲駆除できる。

【要点1：保護されていないネズミは「いえねずみ」の3種】

　日本国内には、鳥類は約550種以上、獣類は約80種（ネズミ・モグラ類、海生哺乳類を入れた場合は約160種）の野生鳥獣が生息しています。第2編1章でも解説した通り、鳥獣法では「いえねずみ3種」と一部の海生哺乳類以外の鳥獣は保護されています。

　ちなみに、鳥獣法で「いえねずみ」と一部の海生哺乳類が除外されている理由ですが、「いえねずみ」と呼ばれる『ドブネズミ』、『クマネズミ』、『ハツカネズミ』は衛生環境の維持を理由に保護対象から外れています。そのため、「ねずみとり」や「殺鼠剤」を使ってこれらネズミを駆除することは、捕獲許可を受けなくても実施することができます。

　ただし注意点として、保護されていないのは「いえねずみ3種だけ」です。野山に住む「アカネズミ」や「ヒメネズミ」などは保護されており、狩猟鳥獣でもないので、無許可で捕獲をすると違法になります。また、「いえねずみ3種」は狩猟鳥獣ではないので、装薬銃や空気銃を使って捕獲すると銃刀法違反になります。

　海獣については『ニホンアシカ、ゴマフアザラシなどのアザラシ5種、ジュゴン』が鳥獣法で保護されており、それ以外のアシカやオットセイは『臘虎膃肭獣（らっこおっとせい）猟獲取締法』で、クジラやイルカ、トドは『水産資源保護法』で保護されています。

【要点２：狩猟鳥獣は「種」で指定。「亜種」も含む】

　生物は「リネン式階層分類体系」と呼ばれる方法で体系化されており、鳥獣は『綱（こう）』→『目（もく）』→『科（か）』→『属（ぞく）』→『種（しゅ）』に分類されます。例えば「ニホンジカ」は『哺乳綱→偶蹄目→シカ科→シカ属→ニホンジカ（種）』に分類され、キジは『鳥綱→キジ目→キジ科→キジ属→キジ（種）』に分類されます。

　さらに「種」の下位には「亜種」という分類があり、「ニホンジカ（種）」には、北海道に『エゾジカ』、本州に『ホンシュウジカ』と『キュウシュウジカ』、対馬、屋久島、馬毛島には『ツシマジカ』、『ヤクシカ』、『マゲジカ』、沖縄慶良間諸島には『ケラマジカ』の７亜種が国内に生息しています。

　狩猟鳥獣は「種」で指定されているため、下位の「亜種」も含みます。よって特別な規制がない限りは『ニホンジカ』であれば上記『エゾジカ』も『ホンシュウジカ』も狩猟できます。

　ただし注意が必要なのが、狩猟鳥獣には「亜種を除く」とする種もいます。例えば『ヤマドリ』は『ヤマドリ』（本州）、『ウスアカヤマドリ』（本州・四国の一部）、『シコクヤマドリ』（中国地方・四国）、『アカヤマドリ』（九州北中部）、『コシジロヤマドリ』（九州南部）の５亜種がいますが、『コシジロヤマドリ』だけは狩猟鳥獣から外されています。

コシジロヤマドリ

　さらに、鳥獣の分類は現在でも研究が行われており、最新の DNA 鑑定などで「別種」、「亜種」と判定されることもあります。それに伴い、和名が変更になるケースもあるので、十分注意しましょう。

【例題１回答：ア】

　Ⅲ鳥獣に関する知識
　１鳥獣に関する一般知識　（２）本邦産鳥獣種数①鳥獣の種数

---

②ノイヌ・ノネコ

【例題２】

　「ノイヌ・ノネコ」について、次の記述のうち正しいものはどれか。

> ア．イヌ科イヌ属ノイヌ、ネコ科ネコ属ノネコに分類される獣を指す。
>
> イ．飼い主が不明のイエイヌ・イエネコで、いわゆる野良猫、野良犬を指す。
>
> ウ．野生化したイエイヌ・イエネコで、山野で自活している個体を指す。

【要点：ノイヌ、ノネコだけは分類学上の分類ではない】

　例題１で「狩猟鳥獣は種で分類されている」と述べましたが、これの例外にあたるのが『ノイヌ』と『ノネコ』です。一般的に「イヌ」と呼ばれる獣は、「イヌ科→イヌ属→オオカミ（種）→イエイヌ（亜種）」、「ネコ」や「ネコ科→ネコ属→ヨーロッパヤマネコ（種）→イエネコ（亜種）」に属するため、「イヌ」と「ネコ」は狩猟鳥獣ではありません。しかし鳥獣法では「山に入り餌を自分で調達し自立している（野生化した）イエイヌ・イエネコ」を『ノイヌ』、『ノネコ』と定義しており、この条件であれば狩猟鳥獣として捕獲が可能となります。

　ここで注意が必要なのが、『ノイヌ』や『ノネコ』は〝野良犬〟や〝野良猫〟とは異なる点です。野良犬や野良猫は「飼い主のいないイエイヌ・イエネコ」であり、人家周辺にいる限り「野生化したノイヌ・ノネコ」とはみなされません。よってこれらのイヌ・ネコを銃器やわななどで捕獲すると鳥獣法違反となり、飼い主がいたとしたら動物愛護管理法違反になります。

　よって、『ノイヌ』や『ノネコ』は基本的には、離島や山奥など普段人がいない場所に生息するイヌ・ネコであると考えておきましょう。ただし、これらを捕獲する場合も関係各所によく確認を行ってください。

【例題２回答：ウ】

Ⅲ鳥獣に関する知識　１鳥獣に関する一般知識

（２）本邦産鳥獣種数　③野生鳥獣としてのイヌやネコ

---

③鳥獣の計測基準

【例題３】

> 『鳥獣の大きさの測定方法』について、次の記述のうち正しいものはどれか。
>
> ア．「頭胴長」は、獣の頭から尾までの長さを指す。
>
> イ．鳥類の「体長」は、口ばしの付け根から尾の付け根までの長さを指す。
>
> ウ．獣の「体長」は、吻端から尾の先までの長さを指す。

【要点：獣の「頭胴長」は尻尾を除く。鳥は尻尾まで含んで「全長」】

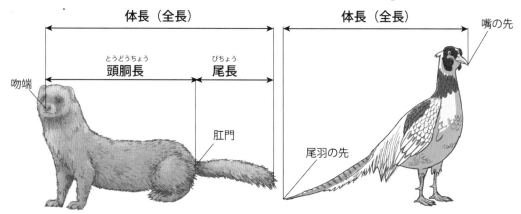

鳥獣の計測方法は、上図の通りです。獣類は「吻端」（頭部で最も前方に突出した部分。大抵は鼻先）から、尾の付け根（肛門の位置）までの長さを『頭胴長』と呼び、尾の長さを『尾長』と呼びます。

鳥類は〝尾を含めた全体の長さ〟を「体長」としており、さらに右図のように羽の長さ（翼長）や、翼を開いた状態の長さ（翼開長）などで計測されます。

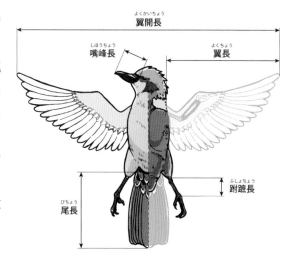

【例題３回答：ウ】

Ⅲ鳥獣に関する知識
1鳥獣に関する一般知識　（４）鳥獣の体　①大きさの測定

④鳥獣判別の基本

【例題４】

狩猟鳥獣の『判別（同定）の基本』として、次の記述のうち適切なものはどれか。
ア．ニュウナイスズメよりも小さい鳥に狩猟鳥はいない。
イ．狩猟鳥の中には、全身が白いものも多い。
ウ．「猛禽類」と呼ばれる鳥類の中には、狩猟鳥も含まれる。

【要点：鳥獣判別はザックリ判定し、細かく見ていく】

　鳥の種類を判別（同定）するのは知識と経験が必要になりますが、『狩猟鳥』を判別するだけなら、いくつかのコツがあります。

　まず、狩猟鳥獣には『全身が白い鳥』はいません（遺伝子疾患のアルビノと呼ばれる個体は除く）。また、ワシやタカ類、フクロウ類などの『猛禽類』、シロサギやアオサギ、ゴイサギなどの『サギ科の鳥』、カモメに似た『海鳥』、スズメ・ニュウナイスズメを除いて『大人の握りこぶし』より小さい鳥、『ガン類』よりも大きな鳥類（ツルやハクチョウなど）は、狩猟鳥ではありません。

　狩猟では発見した鳥の種類を瞬時に判別しなければならないので、まずはこのような〝ザックリ〟とした感覚を身に着けておきましょう。

【例題4回答：ア】

Ⅲ鳥獣に関する知識　２鳥獣の判別　（１）判別一般　②判別方法

⑤色による判別

【例題5】

　鳥獣の『色による判別』として、次の記述のうち適切なものはどれか。
　ア．図鑑や剥製などでは実際の体色と体色の印象が異なる場合があるので、日ごろから鳥獣を注意深く観察することが重要である。
　イ．鳥獣の判別を養う目は、図鑑や剥製などを見て覚えるぐらいで十分養われる。
　ウ．狩猟鳥獣か否かを十分に判別できなかったとしても、とりあえず捕獲して実物を観察することが重要である。

【要点：鳥獣の色合いは光加減で大きく変わる】

　鳥の羽は日光の当たり具合などで色味が変わるため、図鑑だけでなく実物を見て覚えることが大切です。狩猟鳥獣か判別できる自信がない場合は、一切の捕獲をしないようにしましょう。

【例題5回答：ア】

Ⅲ鳥獣に関する知識２鳥獣の判別（３）色①色による判別

⑥大きさによる判別

【例題６】

> 次の記述のうち適切なものはどれか。
> ア．ハシブトガラス＞ムクドリ＞キジバト＞スズメの順で体が大きい。
> イ．同じ種の獣であっても、一般的に寒冷地方に生息する地域個体群の方が大型化する傾向がある。
> ウ．鳥獣は例外なく、メスよりもオスの方が体長が大きい。

【要点１：鳥類の大きさは「ものさし鳥」で分類してみる】

　鳥類の大きさを言い表す際は、日常的に目にする鳥が基準とされることがよくあります。これらの鳥は「ものさし鳥」とも呼ばれており、「カラス大」と言えば「比較的大型の鳥」、「ハト大」と言えば「足の裏よりも少し大きい鳥」、「ムクドリ大」と言えば「手のひらを広げたサイズの鳥」、「スズメ大」と言えば「小鳥」をイメージします。

　狩猟免許試験では鳥類の大きさを並べた問題がよく出題されますが、それぞれの細かい数字を覚えておくのは大変です。そこで、ひとまずはものさし鳥との比較を覚えて、だいたいのサイズが想像できるようにしておきましょう。

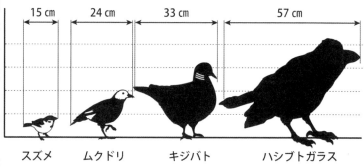

【要点２：鳥獣は北方の個体群ほど体が大きくなる傾向】

　一般的に鳥獣は、北部に生息する個体群ほど体が大きくなるといった特徴があります。これは『ベルクマンの法則』と呼ばれており、これは「恒温動物は体が大きくなるほど体温を維持しやすくなるため」と考えられています。

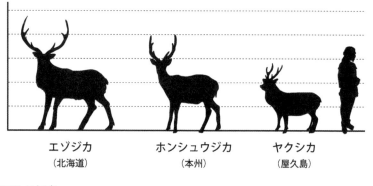

　もちろん上記法則には例外もありますが、狩猟鳥獣に限定していえば法則が当てはまっています。代表的なニホンジカの例では、北海道のエゾジカ『頭胴長約 150 ㎝・体重

120 kg』に対して、屋久島のヤクシカは『頭胴長約 110 ㎝・体重約 25 kg』と小型になります。

　「イノシシ」についても、本州の「ニホンイノシシ（亜種）」が頭胴長約 140 ㎝に対して、沖縄の「リュウキュウイノシシ（亜種）」は、頭胴長約 80 ㎝程度と小型になります。なお、『イタチ』、『キジ』のように性別の違いによって全長が変化する（一般的にはオスの方が大きい）鳥獣はいますが、違いがみられない種も多数存在します。

【例題6回答：イ】

Ⅲ鳥獣に関する知識
2鳥獣の判別　（2）体の大きさ　①大きさによる判別

⑦換羽・換毛

【例題7】

> 鳥獣の『季節による体色の変化』について、次の記述のうち適切なものはどれか。
> ア．カモ類のオスが、見た目が派手な繁殖羽になることを「エクリプス」という。
> イ．ノウサギは、冬期に白くなるものと、一年中褐色のままでいるものがある。
> ウ．キジ・ヤマドリのオス・メスの目の周りには、赤色の羽毛が生えている。

【要点1：非繁殖羽になることをエクリプスという】
　カモ類のオスは冬になると派手な色の羽に生え変わります。しばしば、この「繁殖羽に変わること」を「エクリプス」と勘違いされていますが、"eclipse" はもともと「力を失う」という意味なので、繁殖羽から地味な非繁殖羽に変わることが「エクリプス」になります。

　カルガモを除いて日本国内に生息するカモは冬に渡ってくる鳥なので、エクリプス状態のカモを見かけることは稀です。しかし地域によっては猟期始まりに、繁殖羽と非繁殖羽が〝混じった〟カモを見かけることがあります。非狩猟鳥のメスと見間違えやすいので注意しましょう。

【要点２：同じ種でも生息環境で羽・毛の色は変わる】

　ノウサギやユキウサギは冬場になると、白い冬毛に換毛します。しかし必ず白くなるというわけではなく、雪の少ない地方に生息する『ノウサギ』は冬場でも茶褐色をしており、北海道のエゾユキウサギでも真っ白にならない個体がいます。

　このように鳥の羽や獣の毛の色は、生息している環境や気象によって大きく変わることがあるので注意が必要です。

【要点３：キジやヤマドリの赤い部分は皮膚が変形したもの】

　キジ科のオスは、眼の周辺が真っ赤になっています。これは「羽の色」ではなく『肉垂』と呼ばれる皮膚が変化した部位です。この肉垂はキジ・ヤマドリのメスにはなく、また同じキジ科の『コジュケイ』にはオス・メスどちらにもありません。

【例題７回答：イ】

Ⅲ鳥獣に関する知識
２鳥獣の判別（３）色　③季節変化

⑧ 身体的特徴

【例題８】

次の記述のうち適切なものはどれか。
ア．ニホンジカとカモシカの角は枝分かれのない太い一本角である。
イ．ハシビロガモは、オスのみが巾の広いくちばしをしている。
ウ．キジ科の中でも、コジュケイの尾は短くなっている。

【要点：鳥獣特有の身体的特徴を抑えておく】

　鳥獣を判別する際は、その鳥の〝主な特徴〟を知っておくことが大切です。狩猟鳥獣の特徴については、本章の『（3―3）鳥獣に関する生物学的な一般知識』でまとめているので参考にしてください。

　『角』に関しては、狩猟鳥獣の中で角を持つ獣は「ニホンジカ」のみになります。非狩猟獣の「カモシカ」も角を持ちますが、ニホンジカの角は「枝角（アントラー）」、カモシカの角は「洞角（ホーン）」と呼ばれています。また、ニホンジカの枝角は１年ごとに〝生え変わる〟のに対して、カモシカの洞角は生え変わらないといった違いがあります。

【例題8回答：ウ】

Ⅲ鳥獣に関する知識　2鳥獣の判別　（4）形

3－2　狩猟鳥獣及び狩猟鳥獣と誤認されやすい鳥獣の形態（習性、食性等）

①フィールドサイン

【例題9】

> 次の記述のうち適切なものはどれか。
> ア．獣類は総じて、巣穴回りなど特定の場所に糞をする。
> イ．ヌタ場は、沢近くのくぼみなど水気の多い場所に作られる。
> ウ．イノシシは蹄行性の獣であり、人で言う「かかと」を付いて歩行する。

【要点1：鳥獣の存在を知る手がかり『フィールドサイン』を知る】

　野生鳥獣が残す糞や足跡、採餌跡（食み跡）、泥浴びをした跡（ヌタ場）、寝床の跡（寝屋）などはフィールドサインと呼ばれており、野生鳥獣の存在や生態を知る上では欠かせない情報源です。こういったフィールドサインの収集と解析は、特にわな猟で重要な要素となりますが、銃猟においても『単独忍び猟』などの渉猟（歩き回って獲物を探すスタイルの猟）をするうえでも重要になります。

　もちろん、狩猟免許試験までにすべてのフィールドサインを知っておかなければならないというわけではありません。ここでは必要最低限の知識を身に着け、実際は猟場に出て少しずつフィールドサインの種類と特徴を覚えていきましょう。

【要点2：糞の種類は大きく4つ】

　〝糞〟は、その形や大きさ、内容物などを詳しく調べることで、野生鳥獣の種

球型
ノウサギやリス、ムササビなどの小型の草食獣に多い形状。植物の繊維質が凝縮した質感。

俵型
ニホンジカ、カモシカの糞。シカは歩きながら糞をするので進路に向けて落ちていることもある

塊型
イノシシやクマなど草食寄りの雑食性に多い。クマの糞は未消化物が多く、糞に餌の色や匂いが出る。

棒型
タヌキやイタチなどの肉食傾向寄りの雑食獣に多い。昆虫の羽などの未消化物が見つかることが多い。

類や大きさだけでなく、まだ近くにいるかやどのような場所に出没しそうかといった数多くの情報を得ることができます。

　獣の中には、同じ場所に糞をするタメフンという習性を持つものがおり、例えばカモシカやタヌキはこのタメフンの習性を持ちます。非狩猟獣であるカモシカと狩猟獣であるニホンジカは生息範囲が被っており錯誤捕獲の危険性が高い獣の一種ですが、このタメフンを発見することで、カモシカの存在を知ることができます。

【要点３：足跡の形は３つに大別できる】

　糞と合わせて重要となるフィールドサインに足跡があります。この足跡を知るためには、まずは「動物の歩き方には３種類ある」ことを覚えておきましょう。

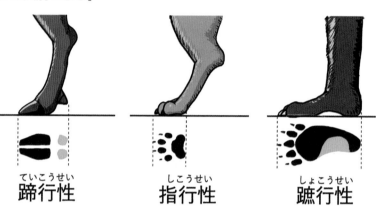

蹄行性（ていこうせい）　指行性（しこうせい）　蹠行性（しょこうせい）

　蹠行性は、人間でいう「かかと」や「手のひら」を地面につける動物の歩き方です。この歩き方をする動物は歩行の安定性が高く、木に登ったり、穴を掘ったり、物を持ったりと指先を器用に扱うことができます。私たち人類を含めた霊長類をはじめ、クマ類やアライグマ、ハクビシン、リス類、さらに鳥類や爬虫類、両生類も、この蹠行性に分類されます。

　指行性は、手のひらやかかとを浮かして、〝４本の指先〟（人間の親指にあたる指は退化）で地面を歩くのが特徴です。蹠行性に比べて足先の器用さは落ちますが、より高速に移動ができ、足音を忍ばせて移動することができるなどの長所を持ちます。足跡は、いわゆる肉球の跡が残り、イヌやネコ、タヌキ、キツネなどの中型獣に多い足跡です。

　蹄行性は爪先が進化した『ひづめ（蹄）』を持つ動物の歩き方で、日本国内ではイノシシとシカ類（ニホンジカと外来種のキョンなど）、カモシカ、ヤギなどが該当します。指行性よりもさらに高速に移動ができ、狭い足場でも移動ができるという長所を持つ一方で、器用さは落ちるため木に登ったり、物を持ったりすることはできません。

【要点４：クマダナや泥浴びの習性も重要な痕跡】

　特徴的なフィールドサインに、例えばクマダナ（熊棚）があります。これはヒグマやツキノワグマが木に登って果実などの餌を採る際に、折った枝を樹上に敷き詰める習性です。鳥の巣のように見えますが、クマは地面や木の洞などに巣を作るので、クマダナで生活をしているわけではありません。クマ類の特徴的な習性には、杉などの樹皮を剥いで形

成層を食べるクマ剥ぎや、木を爪でひっかいてテリトリーを主張する爪痕などがあります。

　イノシシやニホンジカは体に付いたダニなどの寄生虫を落とすために、泥に体をこすりつける泥浴びと呼ばれる行動をとります。この時できた跡はヌタ場と呼ばれており、ヌタ場の乾き具合などでいつ頃獲物がこの近くに現れたかを知ることができます。ヌタうちをしたイノシシやニホンジカは、木に体をこすりつけながら移動するため、進行方向に泥の跡が残されます。

【例題9回答：イ】

　Ⅲ鳥獣に関する知識　2鳥獣の判別
　（5）糞　（6）足跡　（8）その他

---

②鳴き声

【例題10】

> 鳥類の鳴き声について、次の記述のうち適切なものはどれか。
> ア．鳥類は鳴き声だけでなく、羽音などの違いからも聞き分けることができる。
> イ．鳥の鳴き声にはさえずりと地鳴きの2種類があり、地鳴きが聞かれるのは繁殖期のころである。
> ウ．カラス類の鳴き声は全く同じような声であり、鳴き声だけで判別することは不可能である。

【要点1：ひとまず「聞きなし」で鳴き声を覚えておく】

　鳥類を判別する際は、鳴き声が重要な判別要素になります。例えばマガモやカルガモなどは「グワッ、グワッ」と声で鳴くことが多いですが、同じカモでもヒドリガモは「ウィギョン！」といった全く異なる鳴き声を上げます。

　また、ヒヨドリは「ぴぃーよ、ぴぃーよ」とよく通る大きな声で鳴くため、遠くからでもその存在を知ることができます。見た目はそっくりのハシボソガラスとハシブトガラスも、ハシボソは「ガーッ、ガーッ」とかすれた声で鳴く一方で、ハシブトガラスは「カー、カー」と澄んだ声で鳴きます。

　鳥の鳴き声には複数の種類があり、大きく繁殖期にオスが縄張りを宣言したり、メスにアピールする際に発せられる『さえずり』と、それ以外での『地鳴き』があります。例えばウグイスの場合「ホーホケキョ」はさえずりで、「チャッチャッ！」という鳴き声は地鳴きです。

【要点2：「聞きなし」だけでなくWebで音源を聞いて覚える】

　鳥の鳴き声は、文字（聞きなし）で説明をしてもなかなか伝わりにくいと思います。そこで、認定NPO法人『バードリサーチ』や、サントリー社の『日本の鳥百科』などのWebサイトには鳴き声が収録された音源が〝無料〟で公開されているので、是非活用してください。

【例題10 回答：ア】

Ⅲ鳥獣に関する知識　2鳥獣の判別　（7）鳴声

③鳥類の渡り

【例題11】

次の記述のうち正しいものはどれか。
　ア．渡りの途中で日本国内に住み着き、繁殖をする鳥のことを留鳥という。
　イ．カモ類の多くは冬に日本国内に渡ってくる冬鳥だが、カルガモは国内で繁殖する留鳥である。
　ウ．カラスやスズメのように1年中国内に生息する鳥のことを『年鳥』という。

【要点：渡りの分類を覚える】

　季節によって生息地を移動する鳥は『渡り鳥』と呼ばれており、冬季に飛来する鳥を『冬鳥』、夏季に飛来する鳥を『夏鳥』、春季や秋季に国内を通過する『旅鳥』、国内で季節的に移動する『漂鳥』、渡りを行わない『留鳥』に分類されます。

　狩猟期間は冬なので、実猟上は冬鳥（カモ類やシギ類）と、留鳥を知っておけば十分なのですが、渡りの時期は地域によって異なるという点は理解しておきましょう。例えば狩猟鳥のタシギは、中部地方以南では冬鳥ですが、北の地方では夏鳥や旅鳥になっています。また、タシギとほとんど見わけが付かない非狩猟鳥のハリオシギやチュウジシギは秋に旅鳥として飛来するため、九州地方など一部の地域では狩猟期間の初めごろに見られる可能性があります。

　こういった地域的な渡りの時期を知るためには、狩猟期間以外も興味を持って鳥を観察することが大切です。狩猟者の中には愛鳥家の〝クラスタ〟（SNSなどで興味を持つ人同士が自然につながるコミュニティ）に参加する人もいます。もちろん愛鳥家の中には狩猟反対という人もいますが、捕獲した狩猟鳥獣の羽や骨などを提供すると喜ばれることも多いので、積極的に参加して情報交換を行いましょう。

【例題11 回答：イ】

Ⅲ鳥獣に関する知識
3鳥獣の生態等 （1）行動特性 ①渡りの習性

④陸ガモと海ガモ

【例題12】

次の記述のうち正しいものはどれか。
ア．水に浮かんでいるときの姿が異なり、陸ガモは尾羽が水面から出ており、海ガモは水面すれすれにある。
イ．陸ガモは淡水域の水場にのみ生息し、海ガモは海水域のみに生息する。
ウ．ヨシガモ、ホシハジロ、コガモは、すべて陸ガモと呼ばれている。

【要点1：陸ガモと海ガモの違いを覚える】

　カモ類は、その生態や習性によって『陸ガモ』と『海ガモ』の2種類に分類することができます。主な違いは下表のとおりです。

	陸ガモ	海ガモ
浮かんでいる時の尾羽の位置	水面よりも高い位置	水面すれすれ
餌の採り方	地面に上がって餌を採る。または、水中に頭を入れて水底の餌を採る。	水中に潜って餌を採る。
飛び立ち方	一気に高角度で飛び立つ	水面を蹴りながら滑走して飛び立つ

　狩猟鳥のカモ類の中で、クロガモ、スズガモ、ホシハジロ、キンクロハジロの4種類が海ガモで、その他は陸ガモに分類されます。

　なお、「陸ガモ」、「海ガモ」という言葉ですが、陸ガモは決して海に出ないというわけではなく、波の穏やかな日は海岸や港に陸ガモが群れていることもあります。また、海ガモは海水や汽水域でよく見かけますが、淡水域に入ってくることも多く、他の陸ガモと混群を作ることもあります。さらに陸ガモは半矢で水面に落ちて跳べなくなると潜って逃げることがあり、海ガモも水辺に上がって日向ぼっこをする姿がしばしば見られます。

　こういった理由から近年では、陸ガモは『水面採餌ガモ』、海ガモは『潜水採餌ガモ』

という呼び方が一般的になっています。ひとまず、どちらの呼び方も覚えておきましょう。

【要点2：泳ぎ方のシルエットも判別の役に立つ】

陸ガモ（水面採餌ガモ）
マガモ、カルガモ、コガモなどのマガモ属。
狩猟鳥も多いが、非狩猟鳥もいるので
複合的に判断すること。

海ガモ（潜水採餌ガモ）
キンクロハジロ、ホシハジロなどハジロ属、
クロガモ属、アイサ属、ホオジロガモ属など。
陸ガモに比べて小型な種が多い。

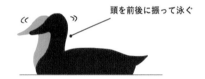

クイナ類・カイツブリ類
クイナ、バン、オオバン、カイツブリなど
この泳ぎ方をするのはすべて非狩猟鳥。

アイサ類・ウ類
ウミアイサやカワアイサなどのアイサ類。
ウミウなどのウ類。狩猟鳥はカワウのみ。

　カモ類に限らず、水鳥は水面に浮かぶ姿や泳ぎ方などに特徴があります。非狩猟鳥のクイナ類、アイサ類などを見分けるポイントになるので、覚えておきましょう。

【例題12 回答：ア】

Ⅲ鳥獣に関する知識
3鳥獣の生態等　（1）行動特性　②動作の特徴

⑤ 行動の特徴

【例題13】

次の記述のうち適切なものはどれか。
ア．ヤマドリには、谷の下方に向かって急降下する谷下り（沢下り）という飛び方を
　　する。
イ．キジは、両足をそろえてピョンピョンと跳ぶように歩く。
ウ．タシギは、羽ばたきと滑翔を繰り返しながら、波状に飛ぶ。

116

【要点1：鳥類の飛び方は色々ある】

　陸ガモと海ガモの飛び方に違いがあるように、他の鳥類にも飛び方には違いがあります。代表的な例でいうとタシギは、『鋭い鳴き声をあげてジグザグ（雷光型）に飛んだあとに舞い上がる』といった特徴的な飛び方をします。

　また、ヒヨドリは、『羽ばたきと滑空を繰り返しながら波状に飛ぶ（バウンディング飛行）』

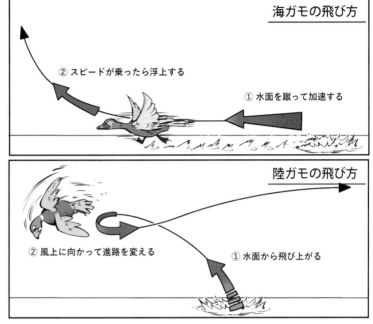

という習性があり、さらにはばたくときに「ヒョ！」と鳴き声を上げます。

　ヤマドリには谷下り（沢下り）と呼ばれる習性があり、天敵に追われるなどで危険を感じたヤマドリは木の上に飛び乗った後、沢に沿って一直線に飛ぶ習性があります。この習性を逆手に取り、猟犬にヤマドリを探索させている間に狩猟者は谷沿いに潜み、飛んできたところを撃ち落とす猟法が有名です。

【要点2：歩き方にはホッピングとウォーキングの2つある】

　鳥類は〝歩き方〟にも違いがあり、例えばスズメなどは足をそろえてピョンピョンと飛び跳ねながら歩くホッピングを行います。普段は樹上で生活をするヒヨドリも、地面に落ちた餌を探すときはホッピングで移動します。

　対して、ムクドリやキジ、キジバトなどは、交互に足を出して1歩ずつ歩くウォーキングを行います。両方の歩き方をする種もおり、例えばハシブトガラスは、普段はウォーキングで歩きますが、急いで移動するときはホッピングをします。

【例題13回答：ア】

Ⅲ鳥獣に関する知識
3鳥獣の生態等　（1）行動特性　②動作の特徴

⑥採餌行動

【例題 14】

獣類の活動時間について、次の記述のうち適切なものはどれか。
ア．タイワンリスは昼行性で、朝や夕に多く活動する。
イ．ノウサギは、主に昼間に活動する。
ウ．アナグマは、夜間にのみ活動する。

【要点：鳥獣の行動には昼行性と夜行性に分けられる】

　鳥類の多くは昼間に活動する昼行性、獣類の多くは夜間に活動することが多い夜行性と言われていますが、ゴイサギ（非狩猟鳥）は夜行性であり、タイワンリスは昼間に活動する昼行性など、例外もいます。

　ただし、この夜行性、昼行性という習性は〝絶対〟ではなく、例えばニホンジカは夜行性と言われていますが、実際は朝方（薄明）と夕暮れ（薄暮）に活動していることが多く、さらに小雨が降る薄暗い日には昼間も活動しています。また、アナグマも夜行性とされていますが、視力が弱いためか昼間でも活動していることが多く、狩猟者が近づいても気づかないことがよくあります。

【例題 14 回答：ア】

Ⅲ鳥獣に関する知識
３鳥獣の生態等（１）行動特性　③活動時間

⑦食性

【例題 15】

鳥獣の食性について、次の記述のうち適切なものはどれか。
ア．ミヤマガラスは動物質のものしか食べない。
イ．ニホンジカは植物食性なので、植物であれば無条件になんでも口にする。
ウ．鳥獣の種類によっては、餌の条件が悪化した環境下において、普段は食べないような餌も食べることがある。

【要点：食性は動物食・植物食・雑食にわけられる】

　獣は種類によって、植物質の餌を食べる植物食と、動物質の餌を食べる動物食、どちらの餌も食べる雑食に分類されます。ただし、これも先の昼行性・夜行性と同様に厳密に決

まっているわけではなく、植物食性のニホンジカやマガモ、ノウサギなどは、餌が少ない状況では昆虫や小動物、動物の死体なども食べます。また、イノシシやクマ類などの獣、ミヤマガラス、キジなど鳥類は雑食性とされていますが、餌が豊富にある時期は植物食に寄る傾向があります。

　動物の食性は主に〝腸内細菌の種類〟で決まっており、植物食性の動物は消化器官にセルロース等（植物の固い細胞壁）を分解して、生命活動に必須である〝アミノ酸〟等を生成する細菌を保有しています。これら動物は自身の消化器官を使うことである程度の消化吸収もできるため、植物性の餌が少なくなると動物性の餌でアミノ酸等を摂取するようになります。

　対して、動物食性傾向の強い動物には消化器官にこのような細菌を保有していないため、猛禽類などの動物食性の動物は、餌が枯渇しても植物を餌にすることはありません。同様の理由で人間の消化器官にもセルロースを分解する細菌を保有していないため、生の草を食べるとおなかを壊してしまいます。

【例題 15 回答：ウ】

Ⅲ鳥獣に関する知識
３鳥獣の生態等　（１）行動特性　⑤食性

⑧群れ

【例題 16】

> 鳥獣の群について、次の記述のうち適切なものはどれか。
> ア．鳥類で群れを作るのはスズメぐらいで、ほとんどは単独かつがいで行動する。
> イ．キジバトは、秋になると数百羽規模の大きな群れを作る。
> ウ．ニホンジカは数頭から数十頭の群れを作ることがある。

【要点：群れは鳥獣によって、作る・作らない・季節的に作る】

　鳥獣には季節によって群れを作る種がおり、狩猟鳥獣ではカモ類やコジュケイ、ムクドリ、ミヤマガラス、ニホンジカなどは群れを作ります。

　鳥獣が群れを作る理由は『餌場を探す効率をよくするため』や『天敵の存在を素早く察知するため』などが考えられており、逆に動物食性の傾向が強い鳥獣（猛禽類やイタチ、テン、ヤマシギなど）、天敵がいない鳥獣（クマ類やイノシシ）は、基本的に群れを作りません。

【例題16回答：ウ】

Ⅲ鳥獣に関する知識
3鳥獣の生態等　（1）行動特性　④群

---

⑨営巣

【例題17】

次の記述のうち適切なものはどれか。
ア．ツキノワグマは必ず冬眠をする。
イ．ノウサギは地中に穴を掘って群れで生活をする。
ウ．カワウは一か所に群れてコロニーと呼ばれる営巣地を作る。

【要点：鳥獣の種類により営巣場所は異なる】

　ツキノワグマは樹洞や土穴に巣を作り冬眠をします。しかし、気候や餌などの条件によっては冬眠をしないこともあります。

　ノウサギは草むらなどにねぐらを作り、群れを作らずに生活します。一方、ヨーロッパに生息するアナウサギは地面に穴を掘って巣を作り、群れで生活するという違いがあります。一般的にペットとして飼われているウサギ（カイウサギ）はヨーロッパのアナウサギなので、両者の習性の違いに注意しましょう。

　ゴイサギやカワウなどの鳥類は、日中は散り散りで生活をしていますが、寝る前に一か所に集まってコロニーと呼ばれる集団営巣地を作る習性があります。

【例題17回答：ウ】

Ⅲ鳥獣に関する知識
3鳥獣の生態等　（3）生息環境及び分布　①生息環境

---

⑩繁殖

【例題18】

鳥獣の繁殖期について、次の記述のうち適切なものはどれか。
ア．ニホンジカは年に複数回交尾を行う。
イ．年に1回しか交尾をしない鳥獣もいれば、複数回交尾をする鳥獣もいる。
ウ．キツネは一般的に、一夫多妻である。

【要点：一夫一妻、一夫多妻、多夫一妻に分けられるが、例外も多い】

　繁殖の時期や回数は鳥獣の種類によって異なりますが、鳥類は基本的に1年に1回、春に繁殖期を迎えます。カモ類もこの例に漏れないため、猟期の冬場にはパートナー探しに精を出す繁殖羽に換羽したオスガモを見ることができます。

　獣類の繁殖期は種によって異なり、ノウサギなどは年に数回交尾をします。また、イノシシも基本的には4～6月ごろに出産しますが、繁殖に失敗した個体は秋に出産をすることもあります。ニホンジカは秋に交尾を行って春に出産をするとされていますが、実際は5～8月ごろまでと、地域によって違いがあります。

　繁殖の配偶システムは、一夫一妻型、一夫多妻型、多夫一妻型に分類され、鳥類やキツネ、タヌキなどは一夫一妻型。イノシシやニホンジカ、イタチテンなどは一夫多妻型とされています。

　しかし、〝もちろん〟この分類には例外も多く、カルガモなどのカモ類も、メスが抱卵期に入るとオスは他のメスとの交尾を狙ってウロウロしていることがあります。

　動物の習性は環境や状況によって大きく変わるため、一概に分類するのは難しいといえます。そこで、ひとまずは狩猟免許試験対策として暗記をしながらも、〝例外も多い〟ということを頭の隅に入れておきましょう。

【例題18 回答：イ】

Ⅲ鳥獣に関する知識
3鳥獣の生態等　（2）繁殖生態　②営巣場所

3—3　鳥獣に関する生物学的な一般知識

　このカテゴリーでは鳥獣に関する生態や習性などが問われますが、これらをすべて例題にするのは困難です。そこで各狩猟鳥獣について〝要点〟となる部分だけをピックアップしてまとめました。狩猟免許対策として要点を抑えながらも、詳細はテキストをしっかりと読み込んで知識を身に着けてください。

　解説では、獣類は足跡の形、カモ類は浮かんでいる状態でのシルエットを併記しています。また、カテゴリーごとに体が大きい順に並べているので、参考にしてください。

Ⅲ鳥獣に関する知識
4各鳥獣の特徴等に関する解説

① 大型獣

ヒグマ（食肉目　クマ科　クマ属）

頭胴長：：約190〜230㎝
生息地：林地
食性：動物食傾向の雑食
歩行様式：蹠行性
北海道にのみ生息。

日本国内に生息する獣類で最大種。12月から4月にかけて樹洞や土穴で冬眠。

ツキノワグマ（食肉目　クマ科　クマ属）

頭胴長：約120〜145㎝
生息地：林地
食性：植物食傾向の雑食
歩行様式：蹠行性

多くの地域で捕獲禁止規制あり
木登りが得意で、樹上にクマダナを作る。爪痕やクマ剥ぎで林業被害を起こすことがある。

ニホンジカ（偶蹄目　シカ科　シカ属）

頭胴長：約100〜200㎝
生息地：林地
食性：植物食性
歩行様式：蹄行性

オスは枝角を持ち、1年ごとに生え変わる。尻の毛色が白っぽく目立つ。国内に7亜種がおり、体格差が大きい。

イノシシ（鯨偶蹄目　イノシシ科　イノシシ属）

頭胴長：約100〜150㎝
生息地：林地・農耕地
食性：植物食傾向の雑食
歩行様式：蹄行性

ブタとの混血種はイノブタと呼ばれる（狩猟可）。オスは発達した牙を持ち、狩猟者が反撃される事故も起こっている。

② 中型獣

キツネ（食肉目　イヌ科　キツネ属）

頭胴長：約60㎝〜70㎝
生息地：林地・草原
食性：動物食傾向が強い雑食
歩行様式：指行性

鹿児島では捕獲禁止規制。北海
道では亜種キタキツネが生息。エキノコックス寄生
虫の危険性あり。一夫一妻。

タヌキ（食肉目　イヌ科　タヌキ属）

頭胴長：約50㎝〜60㎝
生息地：林地・草原
食性：好機主義的な雑食
歩行様式：指行性

タメフンの習性がある。木登りが上手。偽死（しん
だふり）をすることがある。一夫一妻。

アライグマ（食肉目　アライグマ科　アライグマ属）

頭胴長：約40㎝〜60㎝
生息地：林地・農耕地中の水辺
食性：好機主義的な雑食
歩行様式：蹠行性

北中米を原産とする外来種。特
定外来生物に指定。ペットが野生化し、生息域を全
国に拡大中。手先が器用で木登りや穴掘りが得意。

ハクビシン（食肉目　ジャコウネコ科　ハクビシン属）

頭胴長：約60㎝
生息地：林地
食性：植物食傾向の強い雑食
歩行様式：蹠行性
鼻から頭にかけて白線。外来種
だが、いつごろから定着してい
るのか不明。木登りが得意で電線を伝ってわたるこ
ともある。果樹園に出没して食害する。

アナグマ（食肉目　イタチ科　アナグマ属）

頭胴長：約 50 ㎝
生息地：林地
食性：植物食傾向の強い雑食
歩行様式：蹠行性

本州、四国、九州に生息。土中に
巣穴を掘って集団で生活する。冬期は皮下脂肪が厚
くなり、ずんぐりとした見た目になる。

ヌートリア（齧歯目　アメリカトゲネズミ科　ヌートリア属）

頭胴長：約 50 ㎝
生息地：水辺
食性：植物食傾向の強い雑食
歩行様式：蹠行性
特定外来生物。毛皮目的で養殖さ
れていた個体が逃げ出して繁殖。
主に西日本で野生化。土中に巣穴を掘り、田んぼの
畔を破壊する被害を出す。

ノウサギ・ユキウサギ（兎形目　ウサギ科　ノウサギ属）

頭胴長：約 50 ㎝
生息地：林地・草原
食性：植物食
歩行様式：蹠行性

ユキウサギは北海道のみに生息。
冬期に真っ白な毛皮に換毛する。跳躍歩行を行いY
の字型の特徴的な足跡を残す。

テン（食肉目　イタチ科　テン属）

頭胴長：約 45 ㎝
生息地：林地
食性：動物食傾向の強い雑食
歩行様式：蹠行性
対馬に生息する亜種ツシマテンを
除く。冬毛の色に個体差があり、
黄色くなるものをキテン。くすんでいる個体はスス
テンと呼ばれる。木登りが得意で樹上の餌を採る。

ミンク（食肉目　イタチ科　ミンク属）

頭胴長：約40㎝
生息地：水辺の林
食性：動物食性傾向の強い雑食
歩行様式：蹠行性
北米原産の外来種（特定外来生物に指定）で、毛皮目的で養殖していた個体が野生化した。地上で営巣する鳥類の天敵となっている。泳ぎが得意で、水辺で餌を採ることが多い。

イタチ・シベリアイタチ（食肉目　イタチ科　イタチ属）

頭胴長：約30㎝〜40㎝
生息地：池沼・水田
食性：動物食性傾向の強い雑食
歩行様式：蹠行性
イタチのメスは非狩猟獣、オスはメスより1.5倍ほど大きい。
シベリアイタチは雌雄で差が少なく、尾が頭胴長の半分以上。長崎対馬市ではシベリアイタチの捕獲禁止。

タイワンリス（齧歯目　リス科　ハイガシラリス属）

頭胴長：約20㎝
生息地：林地
食性：植物食性傾向の強い雑食
歩行様式：蹠行性
東南アジアを原産とする外来種（特定外来生物に指定）。ペットが逃げ出し野生化した。昼行性で木登りが得意。樹上で生活するが、人家付近にも出没する。

シマリス（齧歯目　リス科　シマリス属）

頭胴長：約10㎝
生息地：林地
食性：植物食性傾向の強い雑食
歩行様式：蹠行性
狩猟獣の中では最小種。北海道に生息する亜種エゾシマリスを除く（本州では外来種のチョウセンシマリス（亜種）が繁殖）。地上生活が多く、土中に穴を掘って巣を作る。

③ カモ類

オナガガモ（カモ目　カモ科　マガモ属）

全長：75㎝
渡り区分：冬鳥
生態区分：陸ガモ
胴体はカラスよりやや小
さいが尾羽が長いので、狩猟鳥のカモ類の中で頭胴
長が最も長い。胸から頭部にかけて白い線が目立
つ。メスも比較的長い尾羽を持つ。

マガモ（カモ目　カモ科　マガモ属）

全長：62㎝
渡り区分：冬鳥
生態区分：陸ガモ

カモ類の中では飛来数が最も多い。オスは黄色い口
ばしと首の白い輪が特徴。メスは他のカモのメスと
似た姿をしており、特に非狩猟鳥のオカヨシガモの
メスと見分けがつきにくい。

カルガモ（カモ目　カモ科　マガモ属）

全長：62㎝
渡り区分：留鳥
生態区分：陸ガモ

狩猟鳥のカモ類の中では唯一の留鳥で雌雄同色。黒
い口ばしの先だけが黄色く、眼のまわりに過眼線と
呼ばれる黒い横線が入る。メスはオスより少し小ぶ
りで、尾羽の模様がわずかに異なる。

ヨシガモ（カモ目　カモ科　マガモ属）

全長：52㎝
渡り区分：冬鳥
生態区分：陸ガモ
オスは盛り上がった茶と
緑色の頭が特徴的でナポレオンハットの異名を持
つ。メスは地味な色合いで、ヨシガモ・オカヨシガ
モと判別が難しい。生息数減少のため広い地域で狩
猟自粛が呼びかけられている。

ハシビロガモ（カモ目　カモ科　マガモ属）

全長：52㎝

渡り区分：冬鳥

生態区分：陸ガモ

色合いはマガモに似るが、雌雄共に口ばしが平たく、シルエットが潰れたように見える。英語ではショベラーと呼ばれ、ショベル状の口で水面の餌を採る。

ヒドリガモ（カモ目　カモ科　ヒドリガモ属）

全長：51㎝

渡り区分：冬鳥

生態区分：陸ガモ

オスの頭部はクリーム色の羽が盛り上がりモヒカンのように見える。日本への飛来は稀だが、メスは非狩猟鳥のアメリカヒドリのメスと瓜二つ。陸ガモの分類だが、喫水域に大きな群れを作ることも多い。

ホシハジロ（カモ目　カモ科　ハジロ属）

全長：45㎝

渡り区分：冬鳥

生態区分：海ガモ

頭部がオニギリ型をしており、眼は赤い。くちばしの灰色、頭部の茶色、ゴマ塩柄の羽がよく目立つ。海ガモの分類だが、淡水域にも大きな群れを作ることが多い。

クロガモ（カモ目　カモ科　クロガモ属）

全長：47㎝

渡り区分：冬鳥

生態区分：海ガモ

外洋に面した海岸に多く、内陸の淡水域には入ってこない。くちばしの付け根が黄色く盛り上がるのが特徴。真っ黒なカモには非狩猟鳥のビロードキンクロがいるので注意。

スズガモ（カモ目　カモ科　ハジロ属）

全長：45㎝
渡り区分：冬鳥
生態区分：海ガモ

海ガモだが淡水域にも飛来し、他の海ガモと大きな混群を作る。スズガモのメスの口ばしには白い盛り上がりがあり、非狩猟鳥のホオジロガモのオスと見分けがつきにくい。

キンクロハジロ（カモ目　カモ科　ハジロ属）

全長：41㎝
渡り区分：冬鳥
生態区分：海ガモ

スズガモに似ているが、後頭部に長い冠羽が伸びる。他の海ガモと大きな混群を作る。目が金色、頭が黒、腹が白いことから金黒羽白の名前が付けられた。

コガモ（カモ目　カモ科　マガモ属）

全長：36㎝
渡り区分：冬鳥
生態区分：陸ガモ

狩猟鳥のカモの中では最小種。葦の中に隠れていることも多い。オスは目の周囲から首にかけて緑色。オス・メス共に非狩猟鳥のトモエガモに似る。

④ ウ類
カワウ（カツオドリ目　ウ科　ウ属）

全長：82㎝
渡り区分：留鳥

平野部の河川や内湾に多く、枯れ枝や岩礁の上で羽を広げて休息をとる。泳いで川魚を捕食するため、漁業被害が問題になる。非狩猟鳥のウミウと酷似しているが、口ばしの付け根などで判別できる。

④ シギ類

ヤマシギ（チドリ目　シギ科　ヤマシギ属）

全長：35 ㎝（キジバト大）

生息地：林地

渡り区分：冬鳥（北海道では夏鳥・中部以北の本州では夏鳥または留鳥）

頭がオニギリ型をしており、眼が頭部の上部やや後方に位置している。地面下の虫を採食するため、畑、水田、山中の道ばたで餌をとることが多い。天敵が近づいてもギリギリまで隠れており、限界まで近づくとブルルと羽音を立てて飛び上がる。一日の捕獲上限はタシギと合計5羽まで。京都と奄美地域では捕獲禁止規制。

タシギ（チドリ目　シギ科　タシギ属）

全長：27 ㎝（ムクドリ大）

生息地：湿地

渡り区分：冬鳥（本州中部以北では旅鳥として春・秋に飛来。冬期は関東以北では少ない）

水辺に生息することが多く、長い口ばしを使って地中の虫を採餌する。電光型にジグザグに飛翔して舞い上がる飛び方が特徴的。一日の捕獲上限はヤマシギとの合計5羽まで。オオジシギ、ハリオシギ、アオシギなどと酷似しているため、地域による渡りの情報をよく調べる必要がある。

⑤ キジ類

ヤマドリ（キジ目　キジ科　ヤマドリ属）

全長：125 ㎝

生息地：林地

渡り区分：留鳥

オスは非常に長い尾を持ち、顔には赤い肉垂を持つ。羽を打ち合わせてドドドという音を立てる（ドラミング）。山地の森林地帯に生息しており、特に沢沿いの湿気の多い森林でよく見られる。驚くと谷筋に向かって降下する「谷下り」または「沢下り」と呼ばれる習性を持つ。メスは全国的に捕獲禁止規制。一日の捕獲上限はキジと合計2羽まで。亜種のコシジロヤマドリは非狩猟鳥。

キジ（キジ目　キジ科　キジ属）

全長：80 ㎝
生息地：草地・農耕地・林地
渡り区分：留鳥
オスの尾羽は長く、全体的に緑色。狩猟鳥の代名詞的存在で国鳥とされている。平地から山地にかけて草原や農耕地など、比較的人里に近い場所でよく見られる。警戒すると体をすくめてジッとする習性があり、さらに警戒心が増すと高く飛び上がって滑空する。この習性を利用して、猟犬にキジをポイントさせて、合図とともに飛び立たせて射撃する猟法が広く行われている。近年では遠距離からハイパワー空気銃で狙撃する猟法も人気が高い。亜種のコウライキジは首に白い輪を持つのが特徴。生息地はキジよりも開けた場所を好み、林地ではあまり見られない。キジのメスは全国的に捕獲禁止規制だが、コウライキジのメスは除外。一日の捕獲上限はヤマドリと合計２羽まで。

エゾライチョウ（キジ目　キジ科　エゾライチョウ属）

全長：36 ㎝（キジバト大）
生息地：林地
渡り区分：留鳥
北海道にのみ生息。平地から山地にかけての森林地域に生息し、特に針葉樹林等の林床に多い。雌雄はほぼ同色だが、オスは首元が黒い。かつてはライチョウ科に属していたが、現在はキジ科に改められた。体のわりに羽音が大きく「バサバサ」と音を立てて飛ぶ。「チーッチチ」と笛のような鳴き声を出すため、専用の笛を使ってコール猟が行われる。一日の捕獲上限２羽まで。

コジュケイ（キジ目　キジ科　コジュケイ属）

全長：27 ㎝（キジバト大）
生息地：林地・農耕地
渡り区分：留鳥
中国原産の外来種。放鳥により全国的に分布。キジ科だが赤い肉垂を持たず、雌雄同色。数羽から数十羽の群れを作って行動し、林道を歩く姿をよく見かける。チョットコイと聞こえる独特の鳴き声が特徴だが、特定外来生物のガビチョウが声真似をしていることもある。一日の捕獲上限５羽まで。

⑥ カラス類

ハシブトガラス（スズメ目　カラス科　カラス属）

全長：57 ㎝
生息地：林地・農耕地・市街地・海岸
渡り区分：留鳥
本来は林地に生息するカラスなので、住宅地やビル群などの立体物の多い場所に定着しており、生ゴミを漁ったり、庭の木に巣を作るなどの問題行動を起こす。ハシボソガラスに比べて口ばしが太く、頭がもっさりとしており、「カーカー」と澄んだ声で鳴く。

ハシボソガラス（スズメ目　カラス科　カラス属）

全長：50 ㎝
生息地：農耕地・市街地
渡り区分：留鳥
ハシブトガラスよりも口ばしが細く、頭もツルっとしている。鳴き声は「ガーガー」とかすれた音を立てる。ハシブトガラスに比べて開けた環境を好むため、ビル群などで見ることは少ない。

ミヤマガラス（スズメ目　カラス科　カラス属）

全長：45 ㎝
生息地：農耕地
渡り区分：冬鳥

冬期に数十から数百の群れで渡ってくるカラス。ハシボソガラスによく似ているが、口ばしの根本が白っぽく見える。群れの中に非狩猟鳥のコクマルガラスが混じっていることがあるので注意が必要。

⑦小鳥類

キジバト（ハト目　ハト科　キジバト属）

全長：33 ㎝
生息地：林地・市街地
渡り区分：留鳥
本来は警戒心の強い鳥だが、近年では人慣れ（シナントロープ化）をして市街地や公園などでもよく見られる。「デデッポウボウ」といった特徴的な声でよく鳴く。非狩猟鳥のドバトやアオバト、カケスとの判別に注意。一日の捕獲上限は 10 羽まで。

ヒヨドリ（スズメ目　ヒヨドリ科　ヒヨドリ属）

全長：28㎝

生息地：林地・市街地

渡り区分：旅鳥（以前は冬鳥、場所によって留鳥）

ボサボサの頭と赤い頬、長い尾羽が特徴。「ピィョピィョ」と甲高い声でよく鳴く。飛び方は波状飛行。尾羽の長さが非狩猟鳥のオナガに似るので注意。東京都小笠原村や沖縄県の一部で捕獲禁止規制。

ムクドリ（スズメ目　ムクドリ科　ムクドリ属）

全長：24㎝

生息地：林地・市街地

渡り区分：留鳥（福島以北では夏鳥）

くちばしと足がオレンジ色であることが特徴。公園などでも見られ、地面をトコトコと両足で歩く。冬期は1万羽以上の大群がみられることもある。かつては害虫を食べる益鳥として大切にされていたが、近年は夜駅前などの人気の多い場所の木に寝床を作り「ギャイギャイ」と騒ぎ立てるため、防除活動が行われている。

スズメ（スズメ目　スズメ科　スズメ属）

全長：15㎝

生息地：農耕地・市街地

渡り区分：留鳥

平野部から山地、農耕地、市街地などで広くみられる。繁殖期以外は群生し、秋には大きな群れを作る。同じサイズの非狩猟鳥であるツグミやホオジロ、カワラヒワ、カシラダカ、モズとの判別に注意。

ニュウナイスズメ（スズメ目　スズメ科　スズメ属）

全長：13㎝

生息地：林地・農耕地

渡り区分：冬鳥

狩猟鳥獣の中で最小種。スズメに比べて山地や林地を好む。頬にホクロが無いスズメという語源（他説あり）のとおり、頬の黒点がないことがスズメとの大きな違い。生息域はスズメより局所的。

狩猟鳥獣の変遷

　令和 4 年に長年狩猟鳥獣として親しまれてきた『バン』と『ゴイサギ』が外されたように、狩猟鳥獣は時代によって大きく変遷します。下表は 1949 年から令和 3 年までの狩猟鳥獣の変遷です（出展：環境省）。今後も変更が予想されるので、参考にしてください。

分類	種名		S.25 (1950)	S.25 (1950)	S.38 (1963)	S.46 (1971)	S.50 (1975)	S.53 (1978)	H.6 (1994)	H.15 (2003)	H.19 (2007)	H.25 (2013)	H.29 (2017)	R.3 (2021)
鳥類	ヒシクイ													
	マガン													
	アイサ類	ミコアイサ												
		カワアイサ												
		ウミアイサ												
	カワウ									カワウ				
	ゴイサギ													
	キジ													
	コウライキジ													
	ヤマドリ						ヤマドリ（コシジロヤマドリを除く）							
	ウズラ													
	エゾライチョウ													
	コジュケイ													
	カモ類（オシドリを除く）	オナガガモ												
		コガモ												
		ヨシガモ												
		マガモ												
		カルガモ												
		ヒドリガモ												
		ホシハジロ												
		キンクロハジロ												
		スズガモ												
		クロガモ												
		ビロウドキンクロ												
		コオリガモ												
	バン													
	オオバン													
	ヤマシギ						ヤマシギ（アマミヤマシギ除く）							
	タシギ													
	ジシギ													
	キジバト													
	カラス（ホシガラスを除く）	ハシブトガラス												
		ハシボソガラス												
		ミヤマガラス												
		ワタリガラス												
	スズメ													
	ニュウナイスズメ													
	ヒヨドリ								ヒヨドリ					
	ムクドリ								ムクドリ					
計			46 種	47 種	47 種	34 種	31 種	30 種	29 種	28 種	29 種	28 種	28 種	28 種
獣類	ムササビ													
	リス類	リス												
		シマリス												
		タイワンリス												
	テン					テン（ツシマテンを除く）								
	クマ								ツキノワグマ					
	ヒグマ													
	イノシシ								イノブタを含むイノシシ					
	キツネ													
	タヌキ													
	アナグマ													
	イタチ（♂）								イタチ（オスに限る）／チョウセンイタチ（オスに限る）		チョウセンイタチ（メスを追加）		シベリアイタチ（長崎県対馬市の個体群以外）	
	ノウサギ								ユキウサギ					
	ノネコ													
	ノイヌ													
	ヌートリア				ヌートリア									
	シカ（♂）								シカ／ニホンジカ					
	ハクビシン								ハクビシン					
	アライグマ								アライグマ					
	ミンク								ミンク					
計			17 種	17 種	18 種	17 種	17 種	17 種	18 種	20 種	20 種	20 種	20 種	20 種
合計			63 種	64 種	65 種	51 種	48 種	47 種	47 種	48 種	49 種	48 種	48 種	48 種

第4章.
鳥獣の保護及び
管理に関する知識

4—1　鳥獣の保護管理（個体数管理、被害防除対策、生息環境管理）の概要

① 鳥獣の『管理』の定義

【例題1】

「鳥獣の管理」の考え方について、次の記述のうち正しいものはどれか。

ア．『第二種特定鳥獣管理計画』を策定した都道府県は、その計画に沿って猟期の延長などの施策を設けることができる。

イ．農林水産業等に被害を及ぼす鳥獣を駆除・駆逐し、農林水産被害を低減することを「管理」と定義している。

ウ．国内に生息する野生鳥獣の生態や行動を調査研究し、国内に飛来する渡り鳥の種類や数などを正確に把握することを目的としている。

【要点1：鳥獣保護管理法の『管理』の意味を理解する】

　日本では戦後から高度経済成長期にかけて日本各地で乱開発が進み、またレジャーとしての狩猟がブームになったことから、一時期は「日本国内から野生動物がいなくなる！」と騒がれ、狩猟鳥獣に対しても数多くの捕獲禁止規制が設けられていました。

　しかし近年、環境保全の意識が高まったことや、地方の高齢化・離農などの影響で野生鳥獣の数が増加し、増加しすぎた鳥獣により日本各地で農林業被害や人的被害を出すなどのトラブルを頻発するようになりました。

　このような現状を踏まえて環境省は、「これまでの『保護する・しない』といった極端な考え方ではなく、モニタリングなどの科学的知見からしっかりと〝計画〟を立て、野生鳥獣の数や生息域を〝コントロール〟しなければならない」という方向に政策の舵を切ることになりました。このような理念は保護管理（ワイルドライフマネージメント）と呼ばれており、2014年に改正された鳥獣保護管理法に盛り込まれました。

【要点2：第二種特定鳥獣管理計画の意図を理解する】

　鳥獣保護管理法の〝管理〟の要点は、『①生息数や生息域が減少しており、絶滅などの恐れがある地域個体群（**第一種特定鳥獣**）』と、『②生息数や生息域が激増しており、生態

系の破壊や農林水産業等への悪影響が懸念される地域個体群（**第二種特定鳥獣**）』を分けて、それぞれに対して保護管理計画を立てることにあります。そこで各都道府県では、①に該当する地域個体群に対しては『**第一種特定鳥獣保護管理計画**』、②に該当する地域個体群に対しては『**第二種特定鳥獣管理計画**』を作り、**生息環境管理**・**被害防除対策**・**個体群管理**を3つの柱として、捕獲目標などを設定します。

　第1章の『狩猟期間』で、「狩猟鳥獣によっては都道府県ごとに猟期が異なる」と解説したのは、この第二種特定鳥獣管理計画が根拠になります。例えば、福岡県では令和4年度に『福岡県第二種特定鳥獣（イノシシ）管理計画（第7期）』が策定されており、この計画の目標（福岡県では県農林水産被害の低減）をクリアするために『イノシシの猟期を10月15日から4月15日まで延長』などの施策が設けられています。

【要点3：産業と環境の視点の違いを理解する】

　〝管理〟の要点としてもう一つ、『有害鳥獣捕獲と個体群管理の考え方の違い』を抑えておきましょう。有害鳥獣捕獲は第1章の『捕獲許可』で解説した通り、農林水産省が主体となっています。一方で管理捕獲は環境省が主体となっており、両者には主に次のような考え方の違いがあります。

呼び方	有害鳥獣捕獲	個体群管理
関連省庁	農林水産省	環境省
主な視点	農林水産業に被害を出す鳥獣を捕獲、または被害防除を行い、農林水産被害を低減させる。	生息密度が増加した個体群の個体数を捕獲等により適正範囲内に保ち、生態系への悪影響の予防、農林水産被害など人間と野生動物との間に生まれる軋轢を未然に防ぐ。

　このような考え方の違いは、農林水産省は「自然環境を利用して人間に有益な産業を行うこと」を目的としているのに対して、環境省は「自然を保護して生物の多様性を維持すること」を主な目的としている点にあります。よって、同じ『野生鳥獣を捕獲する』といった意味でも、環境側の視点では「有害鳥獣」という言葉は使われません。

　余談になりますが、公安委員会（警察庁）の視点からは、上記「有害鳥獣捕獲」・「個体群管理」のどちらも『有害鳥獣駆除』という言い方がされます。よって『有害鳥獣駆除』の用途で所持許可を受けた銃器は、有害鳥獣捕獲・個体群管理の両方で使用できます。

【例題1回答：ア】

　Ⅴ鳥獣の管理　1特定鳥獣に関する管理計画
　（3）特定鳥獣に関する管理計画（第二種特定鳥獣管理計画）制度について

---

②指定管理鳥獣の捕獲等事業

【例題2】

次の記述のうち正しいものはどれか。
ア．指定管理鳥獣捕獲等事業では、事業者が自由に夜間銃猟を行うことができる。
イ．都道府県知事が「指定管理鳥獣捕獲等実施計画」を作成することで、調査や被害防除対策、捕獲などを事業として実施することができる。
ウ．指定管理鳥獣捕獲等事業は、都道府県が指定した第二種特定鳥獣を捕獲する活動である。

【要点1：鳥獣保護管理法への経緯を抑えておく】

先の解説で上げた「特定鳥獣保護管理計画制度」は、実をいうと1999年にはすでに制定されていました。しかし、この時点では環境省と農林水産省の視点に食い違いが大きかったため、両省庁は改めて見解の統一を図り、2013年に『抜本的な鳥獣捕獲強化対策』が策定されました。つまり、1999年にあった「特定鳥獣保護管理計画制度」に2013年の『抜本的な鳥獣捕獲強化対策』を加えたのが、2014年の『鳥獣保護管理法』への改正、という流れになります。

【要点2：鳥獣捕獲の公共事業】

『抜本的な鳥獣捕獲強化対策』の要点となるのが**指定管理鳥獣捕獲等事業**と**認定鳥獣捕獲等事業者制度**になります。

指定管理鳥獣捕獲等事業とは、まず環境大臣が「捕獲を強化しなければならない！」とする鳥獣を指定管理鳥獣（令和4年の時点ではイノシシ・シカの2種）に指定し、各都道府県は第二種特定鳥獣管理計画の範囲内で、**指定管理鳥獣捕獲等事業実施計画**を策定します。この実施計画を立てた都道府県は、この計画を実行するために『指定管理鳥獣捕獲等事業』を行うことができるようになります。この捕獲等事業を簡単に説明すると「指定管理鳥獣の調査や分析、捕獲、防除などの活動に公金を払って行うこと」であり、一言でいうと〝公共事業〟として扱うことができるようになったというわけです。

【要点3：〝認定〟の意味を理解する】

上記のような流れで、都道府県は指定管理鳥獣の捕獲等を公共事業として扱えるようになりましたが、ここで問題となるのが「それって誰がやるの？」です。**指定管理鳥獣（イノシシ・シカ）**の捕獲等は、当然ながら銃器やわななどの特殊な道具を扱えないと実行することはできません。さらに、指定管理鳥獣の調査や調査結果の分析といった業務も、一般的な調査会社ができるような仕事ではありません。

このような問題を解決するために作られたのが認定鳥獣捕獲等事業者制度です。

認定鳥獣捕獲等事業者制度を簡単に説明すると、都道府県が「この事業者は指定鳥獣の捕獲等を行う技能や知識、安全管理体制が整っているよ！」と〝おすみつき〟を与える仕組みです。事業を出す

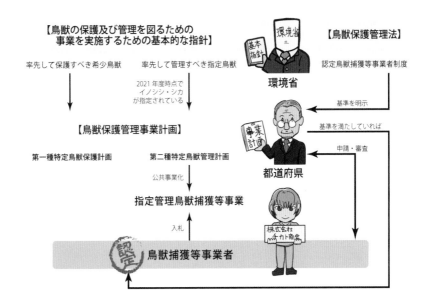

【鳥獣の保護及び管理を図るための事業を実施するための基本的な指針】

率先して保護すべき希少鳥獣

率先して管理すべき指定鳥獣

2021年度時点でイノシシ・シカが指定されている

【鳥獣保護管理法】

認定鳥獣捕獲等事業者制度

環境省

基準を明示

基準を満たしていれば

申請・審査

【鳥獣保護管理事業計画】

第一種特定鳥獣保護計画

第二種特定鳥獣管理計画

公共事業化

指定管理鳥獣捕獲等事業

入札

都道府県

認定 鳥獣捕獲等事業者

株式会社
ネカト商店

都道府県側は入札の要件に「認定鳥獣捕獲等事業者であること」としておけば、怪しい事業者が入り込んでくることを防ぐことができます。また、事業者側は１つの都道府県から認定をもらえば、全国で認定事業者として入札に参加することができます。

認定を受けるためには各都道府県によって要件が異なりますが、令和５年６月の時点では富山県、沖縄県を除く都道府県で計166事業者が認定鳥獣捕獲等事業者になっています。

なお、指定管理鳥獣捕獲等事業に個人（個人事業）で参入することはできません。同様に〝認定〟を受けるためには法人（株式会社や特定非営利法人、一般社団法人など）でなければなりません。

【要点４：夜間銃猟は、一部の認定鳥獣捕獲等事業者で可能】

指定管理鳥獣捕獲等事業では『夜間銃猟』が実施できる場合があります。ただし夜間銃猟は、都道府県知事が必要性を認めたうえで、認定鳥獣捕獲等事業者が安全管理規定を整備し、事業管理責任者・従事者が夜間銃猟安全講習を受けているなどの厳しい条件下でのみ行えます。決して「指定管理鳥獣捕獲等事業なら無条件に夜間銃猟ができる」というわけではありません。

【例題２回答：イ】

Ｖ鳥獣の管理

２指定管理鳥獣捕獲等事業と認定鳥獣捕獲等事業者

（１）指定管理鳥獣捕獲等事業

4—2　錯誤捕獲の防止

【例題5】

「錯誤捕獲」について、次の記述のうち正しいものはどれか。

ア．非狩猟鳥獣をわなで捕獲した場合、その事実が発覚した時点で違反となる。

イ．わな猟においては放鳥獣が可能だが、銃猟では不可能なので、錯誤捕獲が起きて
　　も罪に問われない。

ウ．錯誤捕獲をした場合は、速やかに放鳥獣をしなければならない。もし怪我をして
　　いる場合は、関係行政機関に連絡し、傷病鳥獣として保護する。

【要点：錯誤捕獲は銃猟において、特に注意が必要】

　『錯誤捕獲』とは、狩猟鳥獣ではない鳥獣を捕獲等する行為を指します。わな猟や網猟
においては、錯誤捕獲が起きた場合は、すぐに放鳥獣をしてください。万が一怪我をさせ
た場合は、関係行政機関に連絡をして捕獲許可を受け、傷病鳥獣として保護します。

　なお、銃猟においては一度引鉄を引いてしまうと、高確率で鳥獣を死傷させてしまいま
す。これはどのような理由であれ違反なので、鳥獣判別を十分に行う知識と経験を身に着
けてください。

【例題5回答：ウ】

Ⅵ狩猟の実施方法　（13）錯誤捕獲の防止

4—3　鉛弾による汚染の防止
　　　（非鉛弾の取扱い上の留意点）

①野鳥の鉛中毒問題

【例題6】

野生鳥獣の「鉛中毒」について、次の記述のうち正しいものはどれか

ア．水鳥が小石ごと水中の鉛散弾を飲み込んだり、猛禽類が鉛弾ごと残滓を口にする
　　といった事象が確認されており、近年鉛弾規制の動きが進んでいる。

イ．発射された鉛弾が地中や水に溶け込み、人間が鉛中毒を起こす被害が多発してい
　　るため、鉛弾使用の規制が進められている。

ウ．鉛中毒と鉛弾の関係性は不明であり、現時点では使用・所持の規制などは行われていない。

【要点：砂のうで消化する鳥類にとって鉛弾は強い毒性を持つ】

鉛中毒とは、高濃度の鉛を摂取すると消化器官から血液中に鉛が溶け込み、脳や中枢神経に蓄積していきます。このような状態が長く続くと、頭痛や嘔吐、便秘、脱力、貧血などの症状が発生し、重度の場合は四肢のマヒや意識障害、最悪の場合は呼吸困難などの症状で死亡します。

人間を含めた獣類の場合は、たとえ鉛散弾を数粒口にしたとしても、ほとんど消化されずに排出されます。しかし鳥類の場合は、鉛弾を口にすると『砂のう』（砂ぎも）に長期間ため込むため、少量であっても重篤な鉛中毒を起こす危険性があるとされています。

また、鉛弾を受けて半矢にした獲物（シカなど）の死肉を鉛弾丸と一緒に飲み込み、それが原因となり鉛中毒を起こすケースが問題になっています。

このような野鳥の鉛中毒を防ぐために、各地で鉛散弾や鉛弾丸の使用を禁止・制限する場所が設けられています。北海道では平成2004年の段階で一部の鉛散弾が使用禁止とされ、2014年からは鉛弾の〝所持〟自体も禁止になりました。さらに2021年9月には、環境省から「全国を対象として2025年までに、鉛弾の使用を段階的に規制する」といった方針が出されています。

【例題6回答：ア】

Ⅵ狩猟の実施方法　14鉛弾の規制

②無毒性弾

【例題7】

『無毒性散弾』について、次の記述のうち正しいものはどれか。

ア．無毒性散弾は、鉛が人体に取り込まれると危険なので、近年鉛弾からの置き換え
が進んでいる。

イ．鉄は鉛に比べて比重が重たいので、同じ号数の実包に込められる弾数が3割ほ
ど少なくなる。

ウ．鉛製の散弾に比べて比重が小さいため、飛距離や殺傷力が多少落ちる。

【要点1：無毒性弾は鉛より比重が小さい】

　先の鉛弾の規制を受けて、散弾・弾丸を鉛以外の物質に置き換える動きが進められてい
ます。このような弾は『無毒性弾』と呼ばれ、鉄（スチール）や軟鉄（ソフトスチー
ル）、ビスマス、スズなど、主に下表の素材が使用されています。

	素材	硬さ（鉛との比較）	比重（鉛との比較）
鉄系	鉄（スチール）	約5～8倍	約0.7倍
	軟鉄（ソフトスチール）	約3～5倍	約0.7倍
非鉄系	ビスマス	約1～2倍	約0.9倍
	タングステン	約2倍	約0.9倍
	スズ	約0.5倍	約0.7倍
	銅	約3～5倍	約0.8倍

【要点2：硬い金属は跳弾などのリスクが高くなる】

　鉛は金属の中でも『柔らかい』といった特徴があります。そのため上表のように金属で
弾を作った場合、跳弾やチョークの破壊といったリスクが大きくなる点に注意が必要で
す。また、老朽化した銃身では破裂を起こすリスクもあるため、無毒性弾に切り替える場
合は銃砲店に相談し、標的射撃などで試射をして安全性を確かめるようにしましょう。

【例題7回答：ウ】

Ⅳ猟具に関する知識
3—2実包（3）実包の威力　③鉛中毒と無毒性散弾

4—4　人畜共通感染症の予防

【例題8】

> 狩猟鳥獣の病気や寄生虫について、次の記述のうち適切なものはどれか。
> ア．人と動物の共通感染症には、狂犬病やオウム病、ブルセラ病などが知られている
> 　　が、未だに発見されていない病気や、新種の病気が発生する可能性がある。
> イ．人と動物の共通感染症の感染経路は『病原体に侵された肉類を生で喫食するこ
> 　　と』なので、肉によく火を通せば完全に防ぐことができる。
> ウ．豚熱（CSF）が発生している地域では、野生イノシシによる家畜への感染拡大
> 　　を防ぐために、狩猟が禁止されている。

【要点1：感染症の種類と感染経路を理解する】

　野生動物から人間に感染する病気は人獣共通感染症（ズーノーシス）と呼ばれています。狩猟においてリスクのある感染症としては、狂犬病、高病原性鳥インフルエンザ、E型肝炎、ブルセラ病、野兎病、腸管出血性大腸菌感染症などがあり、マダニによって媒介される重症熱性血小板減少症候群（SFTS）は死亡者が出るほど劇症化する感染症です。このような感染症を防ぐためには、

①鳥獣を直に触らないこと（特に血液や内臓）。

②加熱不十分な肉や内臓を食べないこと。

③マダニ対策をすること。

などがあげられます。よって狩猟者は獲物を仕留めるだけでなく、採った獲物を〝安全に〟解体して料理する技術と知識も重要になります。

【要点2：畜産業に影響を与える感染症もある】

　感染症の中には「人間には感染しないが、家畜には伝染する病気」というタイプもあります。その代表例と言える豚熱（CSF）は、野生のイノシシから家畜のブタに伝染する事例が報告されており、畜産業に大きな被害を与えています。

　この問題に狩猟者側としては、イノシシの捕獲を強化して被害を拡大を抑えるというのも重要となります。そこで狩猟者は、捕獲した個体の病変を確認し、状況によっては関係機関に報告できるよう努めましょう。また、病変が見つかった場合の防疫措置は都道府県の指示した方法に従い、残滓は適切に処理してください。

【例題8回答：ア】

Ⅵ狩猟の実施方法　19 人と動物の共通感染症

4—5　外来生物対策

①外来種の定義

【例題9】

『外来種』について、次の記述のうち正しいものはどれか。

ア．国外から人為的に持ち込まれた外来種は、日本国内に生息している在来種を駆逐するなど、生物多様性に大きな問題を与える可能性がある。

イ．外来種が日本国内に増えることは生物多様性の面からよいことであり、積極的に放獣、放鳥が進められている。

ウ．外来種を増やすことで狩猟鳥獣の種類が増えるため、狩猟者は積極的に捕獲した外来種を他所に持ち込んで放鳥獣するべきである。

【要点：外来種は人の手で持ち込まれた生物】

　外来種は、人間の手によって本来は生息していなかった場所に移動された種を指します。このような外来種は環境になじめずに一代で死滅する（未定着）場合もありますが、環境になじんで繁殖し定着するケースもあります。

　このように定着した外来種の中には、その地域に生息していた生物（在来種）を駆逐したり、天敵がおらずに大増殖をすることがあります。こういった、生物の多様性に対して深刻な影響を与え、さらに人の生命・身体、農林水産業への悪影響が懸念される外来種は特定外来生物に指定されています。

【例題9回答：ア】

Ⅲ鳥獣に関する知識

１鳥獣に関する一般知識　（2）本邦産鳥獣種数　⑤外来種

②外来種の問題

【例題 10】

> 「外来種問題」について、次の記述のうち正しいものはどれか
> ア．狩猟鳥獣のうち、ヌートリア、タイワンリス、アライグマ、ミンクは特定外来生物に指定されている。
> イ．特定外来生物であっても狩猟鳥獣でない種を錯誤捕獲した場合は、速やかにその場で放鳥獣することが望ましい。
> ウ．特定外来生物であっても、その種は絶滅しないように個体数管理が必要である。

【要点：外来種を増やさないことが重要】

在来種の絶滅といった生態系への問題から、特定外来生物は原則的に〝根絶〟が目標にされています。よって狩猟鳥獣でもある特定外来種（ヌートリア、タイワンリス、アライグマ、ミンク）は、錯誤捕獲であっても放鳥獣はせずに捕殺、または関係機関へ  の引き渡しが望ましいとされています。

外来種の問題で一番大切なのは、これ以上不幸な生き物を増やさないことです。特に『餌付け』や『飼えなくなったペットの放鳥獣』といった行動は、一見『動物愛護』的な行動に見えますが、実際は多くの野生鳥獣を不幸に追いやってしまう『動物愛誤』といえる行動です。このような問題を理解し広く一般に伝えるのは、狩猟者の義務だといえます。

【例題 10 回答：ア】

Ⅲ鳥獣に関する知識
1鳥獣に関する一般知識　（2）本邦産鳥獣種数　⑤外来種

アンケートに寄せられた狩猟者の声

【鳥取県】

最近、猟銃による誤射などの事故が多く発生しています。脱包や銃口先の確認などは楽しいハンターライフを過ごすうえで必要なことなので、しっかり身に着けてください

【三重県】

狩猟は命と食のありがたみが身に染みて分かります。また、銃を撃つ楽しさや、捌けるようになる嬉しさ、どうやって美味しく頂くか考える楽しさなど、いくつもの魅力にあふれています

【富山県】

狩猟は銃だけでなく、ナイフなど様々なアイテムをそろえて扱うというのも面白さの一つです。意外とお金がかかりますので、狩猟免許を取る前にしっかりと貯金をしておきましょう！

【京都府】

これから狩猟を始める方には、獣害対策や傷病鳥獣救護、環境保全への関心も高めて頂きたいです。薬莢などのゴミは必ず持ち帰り、不法投棄は行わぬよう心がけてください

【長野県】

狩猟免許は持っているだけでは意味がありません。実際にフィールドに出て動物を追わないとわからないことが多いので、常に学ぶ気持ちを忘れないようにしてください

【東京都】

免許を取るまでは自治体や猟友会がサポートしてくれますが、実猟に関しては自分の足で情報を探す必要があります。狩猟の雑誌やブログなども重要な情報リソースになりますよ

第3編.

実技試験対策

実技試験の実施方法は都道府県によって大きく違いがあります。しかし、試験で見られるポイントはどこも同じ！試験の流れを理解して突破を目指しましょう！

第1章.

実技試験の実施基準

猟友会基準の課題項目

①課題内容と減点事項

　第1編で解説した通り、アンケート調査によると狩猟免許試験の実技試験は、猟友会が提示する実施基準が全国的に採用されています。具体的に、実施基準の内容は以下の通りです。

試験内容	**（第一種銃猟免許）** 1. 銃器の点検、分解及び結合 2. 装填、射撃姿勢、脱包 3. 団体行動の場合の銃器の保持、銃器の受け渡し 4. 休憩時の銃器の取り扱い 5. 空気銃の圧縮等、装填、射撃姿勢 6. 距離の目測（300m、50m、30mおよび10mの目測） 7. 鳥獣の判別（狩猟鳥獣・非狩猟鳥獣16種） **（第二種銃猟免許）** 1. 空気銃の圧縮等、装填、射撃姿勢 2. 距離の目測（300m、30mおよび10mの目測） 3. 狩猟鳥獣の判別（狩猟鳥獣、非狩猟鳥獣16種）
合格基準	100点を持ち点とした減点方式。各項目に減点事項と減点数が設定されており、試験終了までに70点以上が残っていれば合格。

　狩猟読本によると、上記実施基準にはさらに細かく『課題内容』と『減点事項』、『減点数』が、次のように設定されています。

課題	減点事項と減点数	
課題全体を通して	各課題ができなかった場合	31
	各課題が円滑でない場合	10
	銃口を人に向けた場合	10
	各操作を行う際に、実包の有無、銃腔内の異物の有無を確認しない場合	5
	用心鉄の中に指を入れた場合	5

第一種銃猟免許	1．銃器の点検、分解及び結合	①銃器の点検操作	銃身、作動部、銃床、銃器各部の結合状況の異常の有無を確認しない場合	5
		②銃器の分解及び結合操作	操作が不確実な場合	5
			操作が粗暴な場合	5
	2．装填、射撃姿勢、脱包	①模擬弾の装填操作	用意された模擬弾をすべて装填しなかった場合	5
			薬室を粗暴に閉鎖した場合	5
		②射撃姿勢操作	水平射撃の姿勢をとった場合	5
			不安定な射撃姿勢をとった場合	5
			装填された模擬弾をすべて脱包しなかった場合	5
	3．圧縮等、装填、射撃姿勢	①圧縮等操作	圧縮操作等が不確実な場合	5
			圧縮操作等が粗暴な場合	5
		②装填操作	装填する動作が不確実な場合	5
		③射撃姿勢操作	水平射撃の姿勢をとった場合	5
			不安定な射撃姿勢をとった場合	5
	4．団体行動の場合の銃器の保持、銃器の受け渡し	①銃器の保持操作	保持の方法が不適切な場合	5
		②銃器の受渡し操作	銃器の授受の方法が不適切な場合	5
	5．休憩時の銃器の取扱い	銃器の安置操作	銃器を置く動作が粗暴な場合	5
			銃器を不安定な場所に立て掛けた場合	5
			薬室の開放あるいは弾倉の取り外しをしなかった場合	5
	6．距離の目測	300m、50 m、30 m および 10 m の目測	目測ができなかった場合（1 種類につき）	5
	7．鳥獣の判別	狩猟鳥獣・非狩猟鳥獣16 種類の判別	判別ができなかった場合（1 種類につき）	2
第二種銃猟	1．圧縮等、装填、射撃姿勢（第一種の3と同じ）			
	2．距離の目測	300m、30 m および 10 m の目測	目測ができなかった場合（1 種類につき）	5
	3．鳥獣の判別（第一種の7と同じ）			

試験全般を通しての注意点

① 点数を落とさない立ち回りが重要

　各課題ができなかった場合、「31点減点」となります。これはすなわち「課題が1つでもできないと不合格になる」ということなので、実技試験ではひとまず課題の内容をしっかりと理解しておきましょう。たとえ1つの課題に時間がかかったとしても、課題が最後まで出来さえすれば「円滑ではなかった（10点減点）」でとどまります。

　また、減点事項には課題全体を通して、「銃口を人に向けた場合（10点減点）」、「各操作を行う際に、実包の有無、銃腔内の異物の有無を確認しなかった（5点減点）」、「用心鉄に指を入れた（5点減点）」があり、これらはその行動を起こすたびに減点されるので注意しましょう。

　課題では〝試験官にアピールする〟ことも大切です。例えば上記の「実包の有無、銃腔内の異物確認」では、「実包なし！銃身内異常なし！」とハッキリと呼称して試験官に〝やっていることのアピール〟をしましょう。たとえ自分は「やっていた」と思っても、試験官から認識されなかったら減点される可能性があります。同様に、課題の開始には「始めます」、課題の終わりには「終わります」といった旨の発言をしましょう。

② 予備講習を受けない場合は〝情報収集〟が必要

　各都道府県猟友会が試験前に実施する予備講習を受けておけば、試験当日に使用される銃器の種類や課題の流れなどを把握することができます。よって、予備講習を受けておくことが望ましいのですが、近年では予備講習会が〝抽選制〟になっていたり、時間があわなかったりと、参加できない可能性もあります。そのような場合は、『試験にはどのような銃器が出ていたか』や『どのような流れで試験が行われたか』などの情報を収集しておきましょう。

③ チョイスする銃器は『元折式』がベスト

　課題に使用する銃器は複数種用意されている場合、選べるとしたら上下二連式や水平二連式の散弾銃を使用しましょう。上下二連式・水平二連式は『元折式』とも呼ばれており、メーカーによって構造自体にほとんど差がありません。逆に自動式やスライド式の散弾銃はメーカーによって設計が大きく異なり、分解・結合する際の手順も少し異なります。

　本書では散弾銃の点検・分解・組み立ての解説に、上下二連式散弾銃と自動式散弾銃（イラストのモデルは『ブローニングオート5』という機種）をもとに解説をします。もしイラストの解説でわかりにくかった場合は「上下二連式散弾銃　組み立て」でWeb検索をしてみてください。

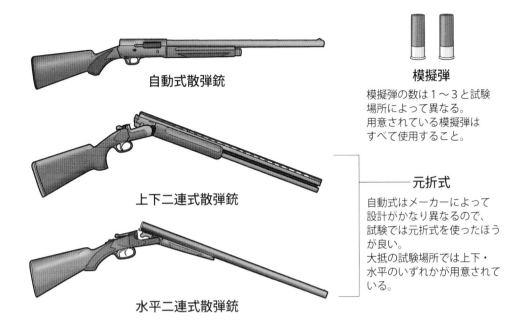

自動式散弾銃

上下二連式散弾銃

水平二連式散弾銃

模擬弾

模擬弾の数は1～3と試験
場所によって異なる。
用意されている模擬弾は
すべて使用すること。

元折式

自動式はメーカーによって
設計がかなり異なるので、
試験では元折式を使ったほう
が良い。
大抵の試験場所では上下・
水平のいずれかが用意されて
いる。

④ 銃器の持ち方

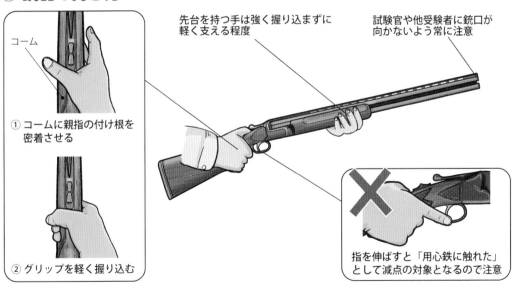

コーム

① コームに親指の付け根を
密着させる

② グリップを軽く握り込む

先台を持つ手は強く握り込まずに
軽く支える程度

試験官や他受験者に銃口が
向かないよう常に注意

指を伸ばすと「用心鉄に触れた」
として減点の対象となるので注意

　課題全体を通して、銃器は上図のように手に取りましょう。銃器を片手で持ったり、不安定な持ち方をしてはいけません。特に注意が必要なのは〝用心鉄〟に指が触れることです。グリップを握ると無意識的に指が引鉄に伸びてしまうことがあるので、常に指先を意識してください。

④「実包なし」と「銃身内異常なし」

　課題中は〝銃器を手に取るたび〟に、下図のように『薬室内の実包の有無を確認』と『銃身内に異物がないこと』を確認してください。この確認行為は、行わないと「5点減点」ですが、〝過剰に行った〟としても減点はされません。よって、銃を手に取るたびに銃身を開いて中を確認し、「実包なし！銃身内異常なし！」の2語を発言するクセをつけておきましょう。

元折式の場合

自動式・スライド式の場合

第2章.

銃器の点検、分解及び結合

『銃器の点検』課題のシミュレーション

　実際の課題を想定して、時系列順に行動を解説していきます。課題の進行は試験会場（テーブルや椅子の有無など）や担当試験官によって変わってくるので、ここで解説することは一応の目安と考えてください。

始	試験官から、「銃器の点検を始めてください」とアナウンスが入る。
1	テーブルの上に置いている模擬銃を手に取る。
2	模擬銃の薬室を開く。

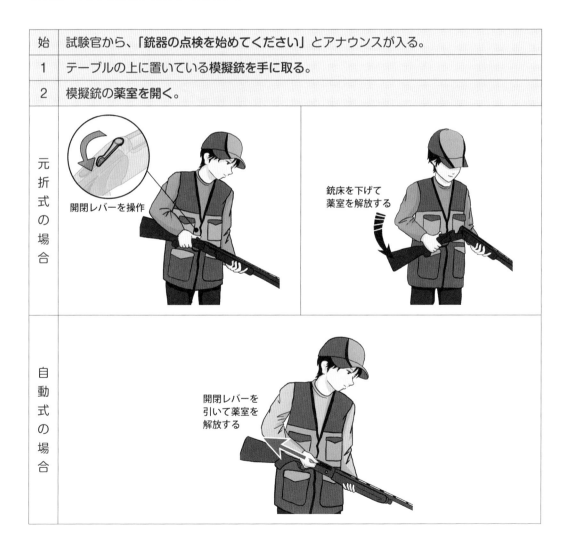

元折式の場合

開閉レバーを操作

銃床を下げて薬室を解放する

自動式の場合

開閉レバーを引いて薬室を解放する

3	薬室を覗き込んで「実包なし！　銃身内異常なし！」と呼称

4	薬室を閉じる→開く→閉じると繰り返し、元折式の場合は「開閉レバー異常なし！」と呼称。自動式の場合は「遊底異常なし！」と呼称。

自動式の場合	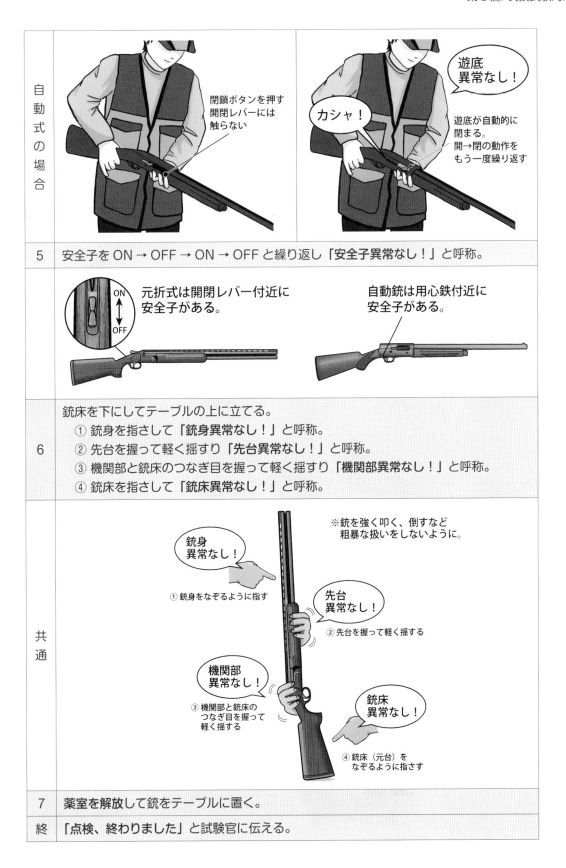
5	安全子を ON → OFF → ON → OFF と繰り返し「安全子異常なし！」と呼称。
	元折式は開閉レバー付近に安全子がある。 自動銃は用心鉄付近に安全子がある。
6	銃床を下にしてテーブルの上に立てる。 ① 銃身を指さして「銃身異常なし！」と呼称。 ② 先台を握って軽く揺すり「先台異常なし！」と呼称。 ③ 機関部と銃床のつなぎ目を握って軽く揺すり「機関部異常なし！」と呼称。 ④ 銃床を指さして「銃床異常なし！」と呼称。
共通	
7	薬室を解放して銃をテーブルに置く。
終	「点検、終わりました」と試験官に伝える。

『銃器の分解』課題のシミュレーション

始	試験官から、「銃器の分解を始めてください」とアナウンスが入る。
1	テーブルの上に置いている模擬銃を手に取る。
2	薬室を覗き込んで「実包なし！ 銃身内異常なし！」と呼称。
3	薬室を閉じて、テーブルの上に模擬銃を置く。
4	模擬銃の分解を始める。

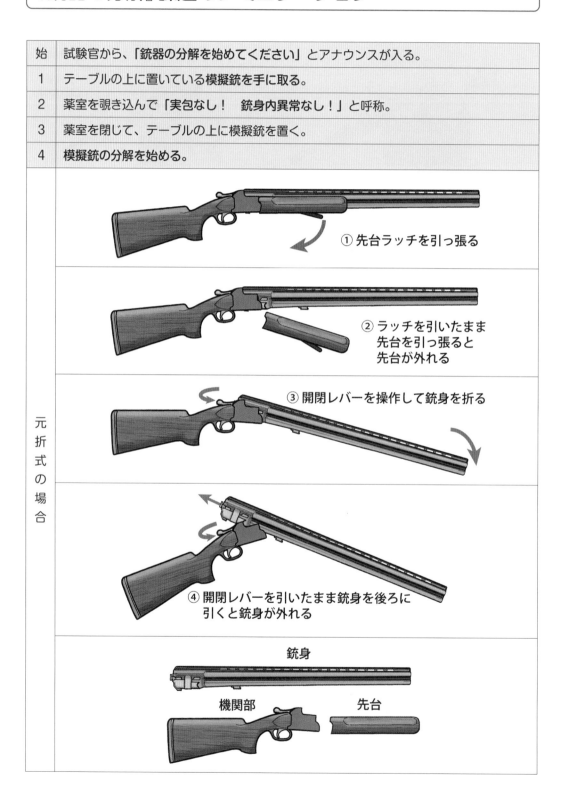

元折式の場合

① 先台ラッチを引っ張る

② ラッチを引いたまま
先台を引っ張ると
先台が外れる

③ 開閉レバーを操作して銃身を折る

④ 開閉レバーを引いたまま銃身を後ろに
引くと銃身が外れる

銃身

機関部　　　　　　　先台

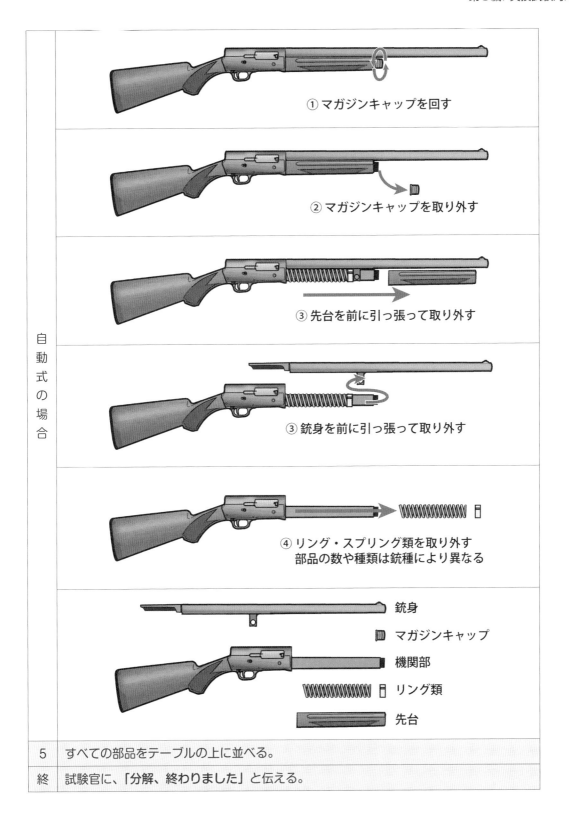

① マガジンキャップを回す

② マガジンキャップを取り外す

③ 先台を前に引っ張って取り外す

③ 銃身を前に引っ張って取り外す

④ リング・スプリング類を取り外す
部品の数や種類は銃種により異なる

銃身

マガジンキャップ

機関部

リング類

先台

自動式の場合		
5	すべての部品をテーブルの上に並べる。	
終	試験官に、「分解、終わりました」と伝える。	

① 建て付けが悪い銃もあるので注意

　課題に使用される模擬銃は、廃棄される予定だった実銃を改造して作られています。そのため模擬銃の中には〝建付け〟が悪い物も混じっており、予備講習を受けていても「あれ？この銃、前に扱った銃と様子が違うぞ！？」と混乱してしまうケースがよくあります。こういった場合は、いったん冷静になって各部の構造を再度確認しましょう。

② 自動銃はメーカーによって部品数が異なる

　自動銃のパーツは銃のメーカーによってかなり違いがあります。自動銃の中で出題される可能性が高いのは、イラストの元になっているブローニング社の『オート5』をはじめ、レミントン社の『M1100』、ベレッタ社の『A300』、豊和工業社の『フジスーパーオート』などです。

　もし、予備講習に参加できない場合は、上記自動銃のしくみをインターネットで検索をしておきましょう。日本語のページはなくても、例えば英語で「Remington M1100 disassembly」と検索すると、銃器を分解する海外の動画が見つかるはずです。

『銃器の組み立て』課題のシミュレーション

　銃器の組み立て課題は、分解の課題に引き続いて行われます。基本的には分解をした手順と逆の手順で組み立てればよいだけなので、焦らなければ問題ないはずです。

　上下二連式散弾銃の場合は、銃所持許可の『射撃教習』でも分解・結合を教わるので、狩猟免許試験の前に銃の所持許可を受けておくことをオススメします。

　自動銃の場合はメーカーによって部品点数が異なるので、「どの部品が、どこに、どの向きで付いていたか」を忘れないようにしましょう。

始	試験官から「銃器の組み立てを始めてください」とアナウンスが入る。
1	分解と逆の手順で組み立てを行う。
2	組み立てが完了したら、薬室を覗き込んで「実包無し！銃身内異常なし！」と呼称。
3	薬室を開いた状態で模擬銃をテーブルに置く。
終	試験官に「組み立て、終わりました」と伝える。

『射撃姿勢操作』課題のシミュレーション

　射撃姿勢操作の課題は、組み立ての課題に引き続いて行われます。この課題では、『装

填』→『射撃姿勢』→『発射』→『脱包』を行います。引鉄に触れてよいのは『発射』を
行うときだけなので、指の位置に注意しましょう。

①『発射』では上の的を狙う

　試験会場によって異なりますが、課題を行う部屋には壁の上と真ん中の2か所に的紙が
張ってあります。射撃姿勢を取り発射する際は〝上の的紙〟を狙ってください。水平に向
けて発射すると「5点減点」となります。

始	試験官から「実包を装填して射撃姿勢を取ってください」とアナウンスが入る。
1	テーブルの上に置いている模擬銃を手に取る。
2	薬室を覗き込んで「実包無し！銃身内異常なし！」と呼称。
3	テーブル上の模擬弾をすべて手に取り、装填する。

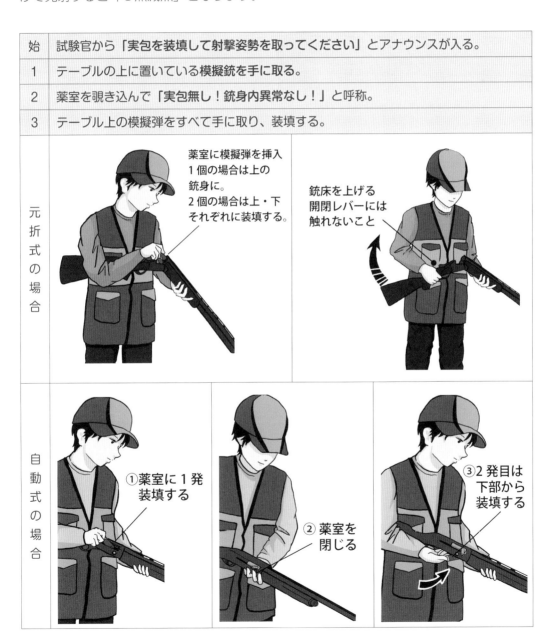

元折式の場合

薬室に模擬弾を挿入
1個の場合は上の
銃身に。
2個の場合は上・下
それぞれに装填する。

銃床を上げる
開閉レバーには
触れないこと

自動式の場合

①薬室に1発
装填する

②薬室を
閉じる

③2発目は
下部から
装填する

4	銃口を〝上〟に構えて、試験官に「射撃準備ができました」と伝える。

共通	 体はやや前傾　銃身の上（リブ）に視線を乗せる 銃床の上に頬を載せる 銃口は上を向けて構える 床尾を肩に密着させる (+15°) 45° (-15°) 先台を握っているほうの手の足を少し前に出す 正面図 眼は銃口の垂直線上に来る 顔は傾けない 肩を張らずに腕はハの字

5	試験官から、「引鉄を引いてください」とアナウンスが入る。
6	銃口を上に向けたまま引鉄を引いて撃鉄を落とす。

共通	カチン！　引鉄が固くて引けない場合は、安全子の位置を再度チェック。安全子が OFF なのに撃鉄が落ちない場合は、「再度、組み立てから行わせてください」と試験官に申し立てる。

7	試験官に「射撃しました」と伝える。
8	試験官から、「脱包してください」とアナウンスが入る。
9	薬室を開いて、装填したすべての薬莢を取り出す。

	 **元折式の場合** 薬室を解放すると薬莢が自動的に排出される。勢いが強いので落ちないように手で抑える。	 **自動式の場合** 開閉レバーを引くと薬莢が自動的に排出される。強く引くと勢いよく飛び出すのでゆっくりと操作。2発目も同様に操作して取り出す。

10	薬室を覗き込んで「実包無し！銃身内異常なし！」と呼称。
11	薬室を解放して模擬銃と模擬弾をテーブルに置く。
終	「射撃姿勢操作、終わりました」と試験官に伝える。

第3章.
圧縮等、装填、射撃姿勢

空気銃の取扱いに関する注意点

　第二種銃猟免許試験の場合は、この『圧縮等、装填、射撃姿勢』の課題からスタートになります。第一種銃猟免許試験では一般的に、『装填、射撃姿勢、脱包』の課題から引き続きで行われます。

　この課題でも第2章で述べたように、「銃口を人に向けた場合」、「実包の有無、銃腔内の異物の有無を確認しなかった」、「用心鉄に指を入れた」が減点項目となります。第二種銃猟免許受験希望者も先の章に目を通して、銃器の基本的な取扱いを理解しておいてください。

① 種類によって圧縮方法が異なる
　第1編のアンケート調査結果で述べたとおり、課題に使用される空気銃は『ポンプ式』が70.2%と最も多く、続いて『スプリング式』が20.9％でした。そこで本書では、ポンプ式・スプリング式の2種で課題の解説を行います。

② ポンプ式は構造が共通

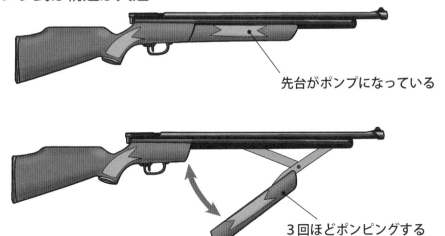

先台がポンプになっている

3回ほどポンピングする
徐々に重くなるので注意

　課題に使用されるポンプ式空気銃はほぼ間違いなく、シャープ社から販売されていた『エースハンター』もしくは『イノバ』と呼ばれる機種です。この機種は先台部分がレバーが付いており、先台を動かすことで銃内の蓄圧室に空気が貯め込まれる仕組みになってい

ます。薬室は銃身後部にあるボルトハンドルを引っ張ることで解放することができます。

③ スプリング式は構造が機種で異なるので注意

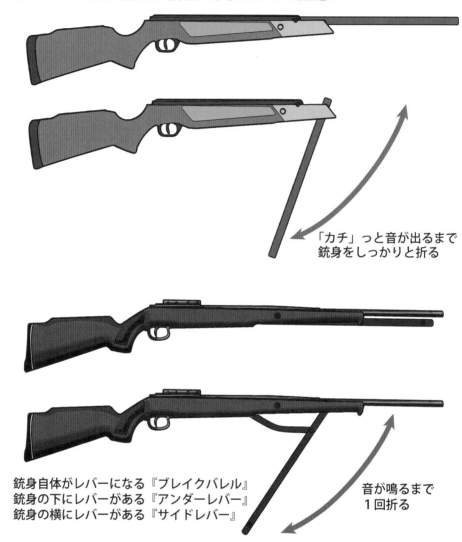

「カチ」っと音が出るまで
銃身をしっかりと折る

銃身自体がレバーになる『ブレイクバレル』
銃身の下にレバーがある『アンダーレバー』
銃身の横にレバーがある『サイドレバー』

音が鳴るまで
1回折る

　スプリング式空気銃はポンプ式に比べて販売しているメーカーも様々なので、設計も大きく異なります。よって、どのような構造の空気銃が出てくるかは、はっきりとしたことが言えません。

　ただし、スプリング式は大きく『ブレイクバレル方式』、『アンダーレバー方式』、『サイドレバー方式』の3種類があります。この中でよく採用されているのはブレイクバレル方式で、続いてアンダーレバー方式が流通しています。サイドレバー方式はアンダーレバー方式のレバーが〝横〟に付いているだけなので、構造自体に大きな違いはありません。よって本書ではスプリング式空気銃について、ブレイクバレル方式とアンダーレバー方式の2種を解説します。

『圧縮等、装填、射撃姿勢』課題のシミュレーション

始	試験官から「空気銃の圧縮装填操作を行ってください」とアナウンスが入る。
1	テーブルの上に置いている空気銃を手に取る。
2	薬室を開いて、「実包なし！銃身内異常なし！」と呼称。 ※空気銃に〝実包〟は使わないが、念のために呼称する。

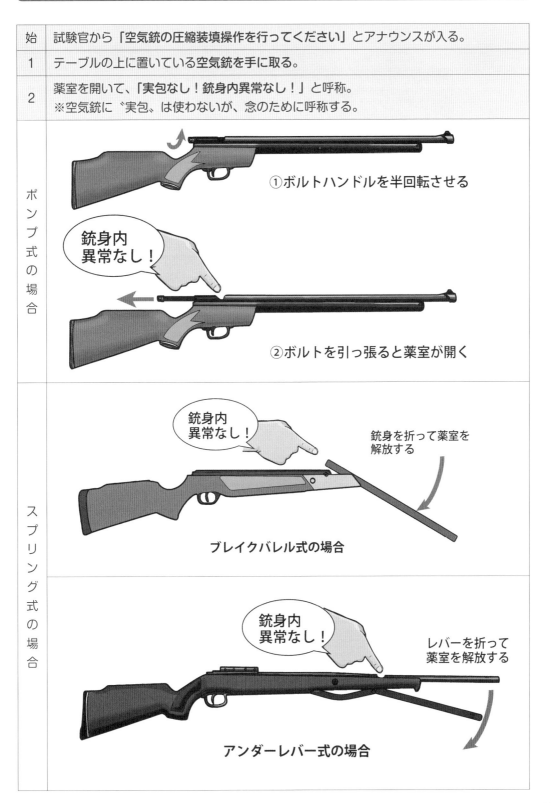

ポンプ式の場合

①ボルトハンドルを半回転させる

銃身内異常なし！

②ボルトを引っ張ると薬室が開く

スプリング式の場合

銃身内異常なし！

銃身を折って薬室を解放する

ブレイクバレル式の場合

銃身内異常なし！

レバーを折って薬室を解放する

アンダーレバー式の場合

3	いったん薬室を閉鎖し、試験官に「圧縮を行います」と伝える。
4	空気の充填操作（ポンプ式）、バネの圧縮（スプリング式）を行う。

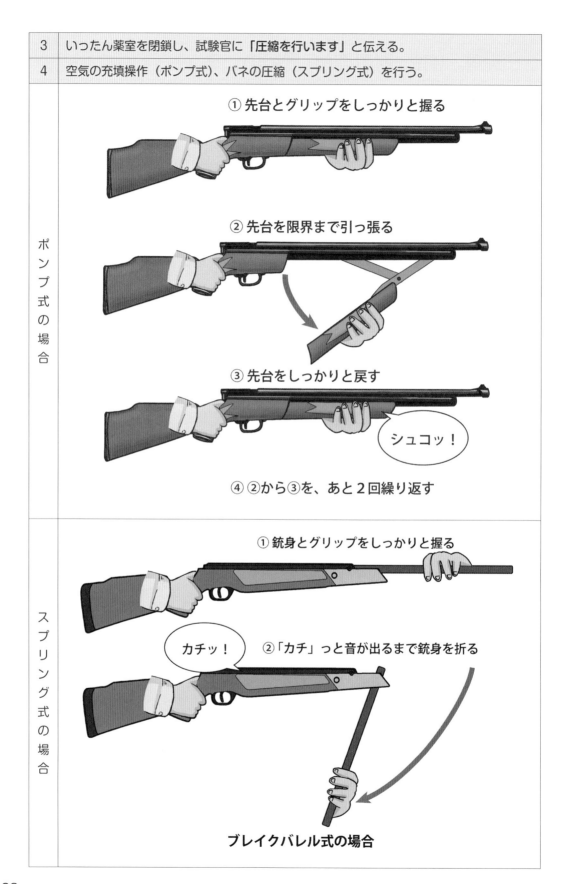

ポンプ式の場合

① 先台とグリップをしっかりと握る

② 先台を限界まで引っ張る

③ 先台をしっかりと戻す

シュコッ！

④ ②から③を、あと2回繰り返す

スプリング式の場合

① 銃身とグリップをしっかりと握る

② 「カチ」っと音が出るまで銃身を折る

カチッ！

ブレイクバレル式の場合

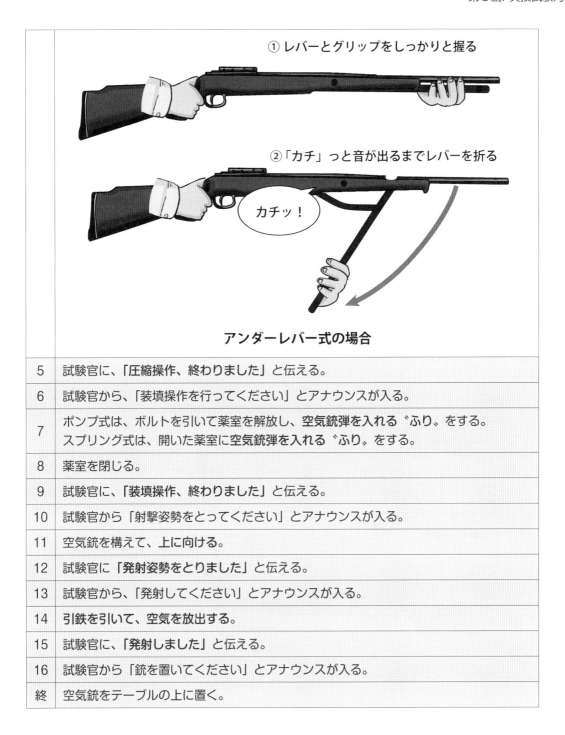

① レバーとグリップをしっかりと握る

② 「カチ」っと音が出るまでレバーを折る

カチッ！

アンダーレバー式の場合

5	試験官に、「圧縮操作、終わりました」と伝える。
6	試験官から、「装填操作を行ってください」とアナウンスが入る。
7	ポンプ式は、ボルトを引いて薬室を解放し、空気銃弾を入れる〝ふり〟をする。 スプリング式は、開いた薬室に空気銃弾を入れる〝ふり〟をする。
8	薬室を閉じる。
9	試験官に、「装填操作、終わりました」と伝える。
10	試験官から「射撃姿勢をとってください」とアナウンスが入る。
11	空気銃を構えて、上に向ける。
12	試験官に「発射姿勢をとりました」と伝える。
13	試験官から、「発射してください」とアナウンスが入る。
14	引鉄を引いて、空気を放出する。
15	試験官に、「発射しました」と伝える。
16	試験官から「銃を置いてください」とアナウンスが入る。
終	空気銃をテーブルの上に置く。

④ 空気銃の〝点検〟が入る場合もある。

　空気銃は構造上、散弾銃のように分解することができないため、『分解・組み立て』が課題として行われることはありません。しかしアンケート調査によると、空気銃の『点検』を課題として出すところもあるようです。

　空気銃の点検は散弾銃の点検とまったく変わりません。先台、安全子、機関部、銃身、

銃床と各部を触りながら「異常なし！」と呼称しましょう。

⑤ 実際に空気を発射するかは、確認をしたほうがよい

　課題で使用される空気銃は、模擬銃ではなく実際に稼働する銃器を使用します。そのため空気を充填後に引鉄を引くと、「パンッ！」と風船を割ったような大きな音が出るので意識しておきましょう。

　なお、アンケート調査によると、『発射姿勢』の課題で「引鉄を引いてはダメ」とするところもあるようです。これはおそらくスプリング式空気銃の場合、空撃ちをすると内部のピストンが傷んでしまうためだと考えられます。

　よってスプリング式を使って課題を受ける際は、試験官に「引鉄は引いてもよいですか？」と確認しておくことをオススメします。

⑥ プレチャージ式とガス式の場合

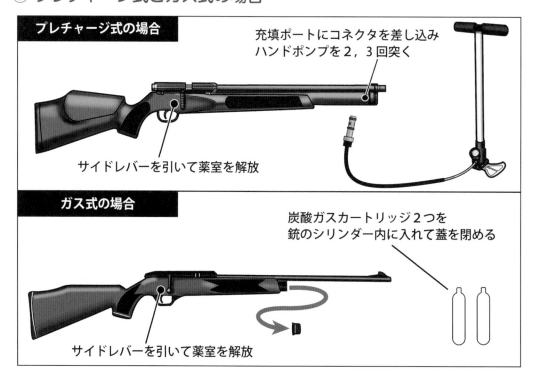

　参考として、プレチャージ式とガス式の場合は、上図のように『圧縮等』の操作を行います。プレチャージ式の場合はハンドポンプのコネクタを、銃身の下に位置するエアシリンダーのノズルに差し込んで空気を充填します。空気の充填方法は〝自転車の空気入れ〟のようなイメージで、ハンドポンプの持ち手を上下させて空気を送り込みます。

　ガス式は炭酸ガスカートリッジと呼ばれる小型のボンベを使用します。シリンダーの蓋を外して、模擬のガスカートリッジを入れて蓋を閉めます。

第4章.
団体行動の場合の銃器の保持、銃器の受け渡し

『団体行動』の課題における注意事項

① 3人以上のグループで課題が行われる

　『団体行動』の課題は、2～3，4人のグループになって行われます。他受験者の失敗によってこちらの点数が減点されるようなことはありませんが、課題の内容をよく理解せずに他受験者のマネをしていると不合格になる可能性があるので注意しましょう。

　課題の流れは、『銃器の点検・分解・結合』の課題が終わった後に、この『団体行動』の課題が行われ、『休憩時の銃器の取扱い』、『距離の目測』、『鳥獣判別』と進むのが一般的です。しかし近年は受験者の増加により、課題の順番が前後することもあるようです。

② 課題の要点は〝銃口〟を向けないこと

　『団体行動』の課題で主に見られているのは、「銃口が他人に向かないように銃器を保持できているか？」という点です。課題では銃器を持った受験者グループが横隊から縦隊、縦隊から横隊のように体勢を変えていきます（試験会場によっては、部屋の中を行進することもある）。この時、銃口が他受験者や試験官に向かないように注意しながら銃の保持の仕方を変えていくのがポイントになります。

銃口が向くたびに減点されるので注意

　この課題は、内容を理解しておけばさほど難しくはありません。しかし、うっかり銃口を他人に向けてしまうと、その都度「10点」という大きな減点を受けるので注意が必要です。

③ 銃保持の基本

　銃の保持の仕方は次図のように、『横に保持』、『前に保持』、『後ろに保持』、『負革がある場合の保持』の4つが〝よい例〟とされています。課題に使用される模擬銃には負革が付いていることはおそらく無いため、周囲の他受験者に銃口が向かないように、『横・前・後ろ』のいずれかに保持方法を切り替えていきましょう。

銃の保持（よい例）

横に保持する場合

グリップを握る

反対の腕の肘に先台を乗せる

用心鉄に触れないよう注意

前に保持する場合

小脇に抱える

先台を握る

後ろに保持する場合

銃口を上に向ける

肩に担ぐ

転倒すると銃が投げ出されてしまうので注意

銃床を握る

負革がある場合

銃口を上に向ける

負革を肩にかける

銃床を握る

銃の保持（悪い例）

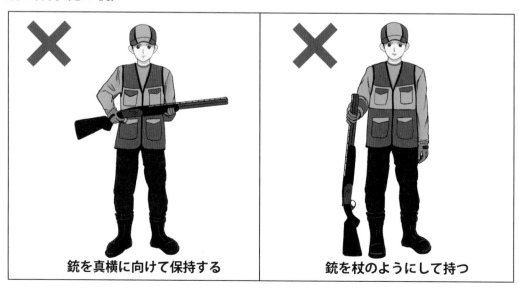

銃を真横に向けて保持する

銃を杖のようにして持つ

　なお、元折式散弾銃の場合はもうひとつ、『銃身を折って肩に担ぐ』という保持方法もあります。しかしこれは主に〝クレー射撃〟で見られる保持なので、〝狩猟中〟を想定した課題の中で行うのはあまりよいとは言えません。どちらにせよ試験官から目を付けられる危険性はあるので、銃の保持方法は先述の４つと覚えておきましょう。

④ 横列・縦列時の銃の保持

銃口が他受験者に向かないように保持する

　横列・縦列では、銃口が隣の受験者、前後ろの受験者に向かないよう注意しながら、銃の保持方法を変えてください。「試験官はいない者として扱ってもよい」とする試験会場もありますが、基本的には試験官に銃口を向けるのも〝NG〟と考えてください。

全員の銃口の向きがバラバラになる

後列の人が銃口を前に向ける
前列の人が銃口を後ろに向ける

『団体行動』の課題のシミュレーション

始	グループで部屋に入ったら、横一列の状態になる。
1	試験官から「銃を持ってください」とアナウンスが入る。
2	自分の目の前にある模擬銃を手に取る。
3	薬室を開いて覗き込み、「実包無し！銃身内異常なし！」と呼称。
4	薬室を閉鎖して銃を保持。このとき銃口が他受験者（試験官も含む）に向かないような体勢で保持する。

5	試験官から「回れ右」（回れ左）の号令が入る。
6	銃口の向きに注意しながら右・左に体を回転させ、保持を変える。

7	試験官からさらに、「回れ左」、「回れ右」、「縦列のまま部屋内を一周」などの合図があるので、その都度銃口の向きに注意をして保持方法を変える。
終	試験官から、次の『銃器の受渡し』の課題に入る旨のアナウンスが入る。 もしくは、「銃器を置く」などのアナウンスがあるので、それに従う。

『銃器の受渡し』課題の要点

① 団体行動から銃器受渡しの流れは会場によって異なる

　『銃器の受渡し』の課題は2人以上で行われ、一般的には先の『団体行動』の課題から引き続きで実施されます。どのような流れで実施されるかは、試験会場の大きさや受験者数の多さなどで変わるため一概には言えません。しかし、課題の内容的には変わらないので、課題を一つずつ区切って要点を理解しておきましょう。

② 銃口側を持って、銃床を相手に渡す

渡す前に薬室を開いて「実包無し」薬室を閉じて渡す

実包なし!!

実包なし!!

受け取った後も薬室を開いて「実包無し」

銃口は後ろだが、自分・他受験者に向かないように注意

両手で手渡す

両手で受け取る

　この課題の要点となるのは『銃器の受け渡し方・受け取り方』です。銃器を相手に渡す際は、銃口側を持って相手に銃床を持たせます。このとき両手でしっかりと握り、銃を落とさないように注意してください。また、銃口は自分の方に向かないように注意してください。

③ 課題のシチュエーションも理解しておく

　銃刀法上、自分の銃器を他人に所持（携帯）させることは違法とされています。しかし、「渡河をする」や「崖を飛び越える」など銃器を持ったままでは危険性が伴う場合は、例外として一時的に他人に銃器を携帯させることが認められています。

　よってこの課題でも、銃器の受渡しができる状況を想定した〝ロールプレイ〟を行わなければなりません。具体的には試験会場によって異なりますが、地面に2本のテープが張っており、その間を河や崖と見立てて、両岸から銃器の受渡しを行います。稀にテープの間を歩いて渡る人がいますが、この課題の意図（テープが張られている理由を理解しているのか）も見られている〝かもしれない〟ので、テープ間は飛び越えるようにしましょう。

『銃器の受渡し』の課題のシミュレーション

始	試験官から、「銃の受渡しをしてください」とアナウンスが入る。 もしくは、『団体行動』の課題から引き続きで行われる。
1	縦列の先頭を1番、次を2番として、河を想定した印の前に立つ。

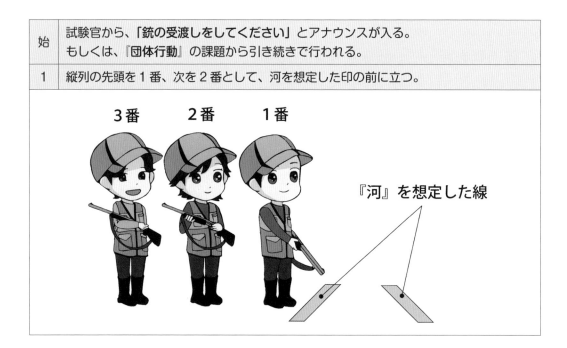

170

| 2 | 1番は薬室を開いて「実包無し！銃身内異常なし！」と呼称。
2番も薬室を開いて「実包無し！銃身内異常なし！」と呼称。
薬室を解放した状態で地面（もしくは指定の位置）に置く。 |

2番は実包・銃身内の確認後
銃を地面に置く

実包なし
銃身内異常なし

| 4 | 1番は薬室内を2番に見せて、薬室を閉鎖。
「河を渡るので受渡しをお願いします」と伝えて銃を手渡す。 |

了解しました

薬室内実包ありません
受渡しをお願いします

銃口を両手で持って
相手に銃床を預ける

5	1番はテープ間を飛び越えて渡る。 2番は受け取った銃器の薬室を解放し「実包無し！銃身内異常なし！」と呼称。

6	2番は、向こう岸にいる1番に銃器を手渡す。

7	1番は、銃器を受けた取ったら、「実包無し！銃身内異常なし！」と呼称。 2番は、自分の銃を手に取り、「実包無し！銃身内異常なし！」と呼称。

終	2番は1番が行ったロールプレイを3番に対して行う。

第5章.

休憩時の銃器の取扱い

『休憩時の銃器の取扱い』の注意事項

　『休憩時の銃器の取扱い』の課題は、『銃器の受渡し』の課題から引き続きで行われる場合が多いようですが、『銃器の点検・分解・組み立て』に続いて行われる場合もあります。

銃を置くときは薬室を開いて安定した場所に置く

　この課題の要点は、『銃器は薬室を開いたうえで、安定した場所に置くこと』です。〝安定した場所〟というのはあいまいな表現ですが、この課題では「狩猟中（野外）で銃器を置いて休憩をする」というシチュエーションなので、『銃器を地面に直接置き、地べたに座る』ことが正解になります。イスとテーブルが準備されている場合は、銃はテーブルの上において、イスの上に腰掛けましょう。

　この課題でNGとなるのは『銃器を壁などに立て掛けるように置く』、また『銃にもたれかかるように座る』などです。そのようなことをする人はいないと思いますが、銃器を放り投げたり、蹴り飛ばしたりすると「銃器を置く動作が粗暴である」として5点減点

173

を受けるので注意してください。

『休憩時の銃器の取扱い』のシミュレーション

始	試験官から「休憩をしてください」とアナウンスが入る。
1	薬室を開いて覗き込み、「実包無し！銃身内異常なし！」と呼称。
2	銃口が他受験者、試験官に向かないように注意しながら、銃を地面の上に置く。

薬室を開いて
銃器を地面に置く
銃を放り投げたり
落としたりしないこと

3	地面もしくは椅子に座り、試験官に「休憩体勢に入りました」と伝える。

休憩体勢に
入りました

地面に座る

4	試験官から、「休憩を解いてください」とアナウンスが入る。
5	銃を手に取って薬室を覗き込み、「実包無し！銃身内異常なし！」と呼称。
6	試験官から「銃を置いてください」とアナウンスが入る。
終	薬室を解放した状態でテーブルに模擬銃を置く。

第6章.

距離の目測

『距離の目測』の要点

① 試験会場によって実施方法が大きく異なる

　『距離の目測』の課題は、試験官が示した場所までの距離を、道具を使わずに推定して答えます。とてつもなく難しそうな課題ですが、一応、猟友会の基準では「第一種銃猟免許試験では300ｍ、50ｍ、30ｍ、10ｍの〝4距離〟。第二種銃猟免許試験 では 300ｍ、30m、10ｍの〝3距離〟」とされています。

※ 課題の実施方法は試験会場で大きく変わる

3番目のコーンまで何メートルですか？

　実施方法としては、試験官が野外に設置された三角コーンを指さし、「〇番目のコーンまでは、だいたい何メートルですか？」といった質問をし、その場で距離を回答します。もしくは、試験官が窓の外を指さして、「赤い屋根の家までの距離は何メートルぐらいですか？」といった出題方法がとられます。

　しかしアンケート調査によると、「目測の距離は 10m 〜 1km だった」（新潟県）、「屋上から建物までの距離を目測し、さらに駐車場に降りてパイロンまでの距離を目測した」（広島）、「目測はその場で答えるのではなく、紙に書いて回答した」（高知県）など、会場によって実施方法が異なる場合もあるので注意が必要です。

② 目印が4つなら〝メタ読み〟もアリ

　『距離の目測』は、予備講習で課題の実施方法を聞いていないとなかなか難しい試験ですが、もしも課題で出された目印の数が〝4つ〟なのだとしたら、奥から「300ｍ、50ｍ、30ｍ、10ｍ」と答えてしまってもよいでしょう。

　また、試験会場がわかっていたら、事前にＧｏｏｇｌｅマップを使って、試験会場から300ｍ、50ｍ、30ｍ、10m 圏内に見える物（電信柱など）を調べておくという手もあります。実技試験では他受験者との兼ね合いで待ち時間も長いので、その間に調べておくというのもよいでしょう。

なお、この課題の意図ですが、銃器は距離が離れるほど弾丸の落下が大きくなるので、距離を正確に測定することは精密な射撃に必要不可欠です。しかし近年は『レンジファインダー』と呼ばれる道具を使って距離を正確に測定するほうが一般的です。

③ 親指によるおおまかな目測方法

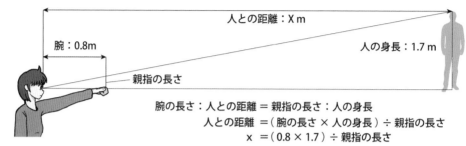

腕の長さ：人との距離 ＝ 親指の長さ：人の身長
人との距離 ＝（腕の長さ × 人の身長）÷ 親指の長さ
x ＝（0.8 × 1.7）÷ 親指の長さ

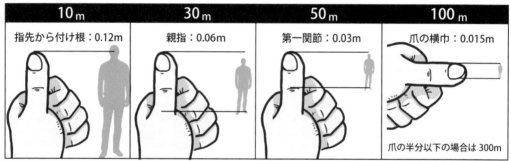

「カンニングのような行為で試験を受けるのは嫌だ！」という人は、〝親指〟を使った簡易的な距離の測量方法を覚えておきましょう。この測量方法は、まず親指を立てて腕を伸ばし、視線が親指と一直線になるように構えます。次に、立てた親指に〝高さが判っている目標〟を重ね合わせ、どのように見えるかで距離を推測します。

実際の試験では、遠くに見える電信柱や自動販売機、車などから〝人の大きさ〟をイメージし、親指に対してどのような見え方をするかでザックリとした距離の推測を行います。もちろん、指の長さや腕の長さ、対象物の大きさは変わるため、上記の方法では正確な距離の測定はできません。しかし、「爪の先よりも人が小さく見えれば 100 m 以上の距離、大きく見えれば 100 m 以内」ということが分かっていれば、大外れの回答をする可能性は小さくなります。

なお、上記のような距離の測量は、『ミルドット』や『MOA』といったスコープを用いるときにも使用されます。銃猟を行うのであれば知っておいて損はないので、『どのような原理で距離がわかるのか』という点だけでも理解しておいてください。

第7章.

鳥獣の判別

『鳥獣の判別』課題の要点

① 予備講習を受けていても難しい課題

『鳥獣判別』の課題は、図面などを5秒程度見て、その鳥獣が狩猟鳥獣か否かを答えます。もしその図面が狩猟鳥獣だった場合は、その種名まで答える必要があります。

アンケート調査によると、受験者の多くがこの「鳥獣の判別が一番難しかった（勉強に費やした時間が長かった）」と回答しており、予備講習を受けていてもこの課題で不合格になる人が多いようです。鳥獣判別の要点となる『狩猟鳥獣の特徴』や『狩猟鳥獣と誤認しやすい鳥獣の特徴』は巻頭カラーでまとめているので、参考にしてください。

② どうしてもわからなければ、全部「×」と答える

もし、「予備講習で説明を受けた図版とまったく異なる絵（写真）が出てきた！」といったイレギュラーで頭が〝真っ白〟になってしまった場合は、最終手段として全部「非狩猟鳥獣」と答えてしまいましょう。

この課題では「1問間違えると2点減点」となり、全部で「16問」出題されます。よって、頭が真っ白になって「何も答えられない」と「32点減点」で不合格になり、「狩猟鳥獣」と答えるとその種名まで答えなければならないので、不正解になる可能性が高くなります。逆に、すべて「非狩猟鳥獣」と答えてしまえば〝半分程度は正解〟になるので、他の課題で大幅失点が無ければギリギリ合格できる可能性があります。

③ 狩猟読本のイラストが出題されやすいが、写真の場合もある

第1編のアンケート調査結果で述べたように、鳥獣判別試験は『狩猟読本の巻頭カラー

ページのイラスト』で出題されるケースが高いようです。しかし都道府県によっては、『野生鳥獣の写真』や『写真とイラストがごちゃ混ぜ』だったりと違いがあるので、やはり知識として鳥獣を判別する目を養う練習をしておきましょう。

　なお、アンケート調査では鳥獣判別の課題について、いろいろな意見が寄せられました。いくつか紹介しますので、試験対策の参考にしてください。

【福島県】

鳥獣判別はイラストで出題されましたが、鳥獣に詳しい人間にとっては、逆に判別しにくいタッチで描かれたイラストでした。

【山形県】

コロナの前までは試験官と「一対一」で行う形式でしたが、私が受験したときは大画面に鳥獣のスライドが7秒間表示され、15秒以内に紙に書いて回答する方式でした。

【鹿児島県】

予備講習のときに講師の人が、「ここだけの話、裏に赤シールが貼ってあるイラストは非狩猟鳥獣です」と教えてくれました。それ、反則でしょ！っとツッコミを入れたくなりました（笑）

【長野県】

イラスト以外に実物の写真も混じっていたので焦りました。しかし、写真であっても『特徴』を見れば判別は可能なので、落ち着いて答えることができました。

【北海道】

鳥獣判別の対策として、Youtubeの動画やスマートフォンのアプリを活用しました。

【茨城県】

「カモの判別は必ず出る」と思い猛勉強しましたが、実際の試験では全く出題されませんでした。たまたま出ない年だったのか、合格率を上げるためだったのか・・・真相はわかりません。

予想模擬試験・問題解答

1

【問1】

『狩猟免許の受験の禁止』について、次の記述のうち正しいものはどれか。

　　ア．狩猟免許を取り消された者は、その後3年間はどの都道府県でも狩猟免許を取得
　　　　するための試験を受けることができない。

　　イ．何らかの罪で罰金刑以上の刑に処された人で、その刑の執行が終わって3年を経
　　　　過していない者は、狩猟免許試験を受けることはできない。

　　ウ．狩猟免許を取り消された者は、再度狩猟免許試験を受けなおすことができない。

【問2】

『狩猟者登録の種類』について、次の記述のうち正しいものはどれか。

　　ア．第一種銃猟免許の所持者は、第一種銃猟登録を空気銃のみで行うことも可能であ
　　　　る。そのため、狩猟者登録後に散弾銃やライフル銃を所持した場合は、第一種銃
　　　　猟登録を再度行う必要はない。

　　イ．第一種銃猟登録を行った者は散弾銃と空気銃。第二種銃猟登録を行った者はライ
　　　　フル銃と空気銃を使って狩猟を行うことができる。

　　ウ．第一種銃猟免許取得者は、使用する猟具の種類として空気銃を選択して第一種銃
　　　　猟の狩猟者登録を受けた場合、空気銃を狩猟に使用することができる。

【問3】

『特定猟具使用制限区域』について、次の記述のうち正しいものはどれか。

　　ア．鳥獣の生息地の保護や整備をはかるために、環境大臣または都道府県知事により
　　　　指定される。

　　イ．狩猟者が集中することを未然に防止し、静穏を保つことを目的に、都道府県知事
　　　　により指定される。

　　ウ．この区域に入猟する者は、市町村長の承認を得なければならない。

【問4】

『違法捕獲物の譲渡又は譲受』について、次の記述のうち正しいものはどれか。

　　ア．違法に捕獲した鳥獣であっても、剥製であれば譲渡又は譲受を行うことができる。

　　イ．違法に捕獲した鳥獣であっても、その旨を都道府県知事に申告すれば、取引は可
　　　　能となる。

　　ウ．違法に捕獲した鳥獣は、標本や剥製であっても、譲渡又は譲受は禁止されている。

【問5】

狩猟鳥獣の『捕獲禁止規制』について、次の記述のうち正しいものはどれか。

ア．ツキノワグマは狩猟鳥獣なので、すべての都道府県で例外なく狩猟ができる。

イ．生息数が減少しているなどの理由で地域レベルで狩猟鳥獣の保護が必要となった場合、都道府県知事は狩猟鳥獣の指定を解除できる。

ウ．全国的な狩猟鳥獣の捕獲禁止規制は環境大臣が実施する。地域レベルの捕獲禁止規制は都道府県知事が実施する。

【問6】

『狩猟免許の有効範囲』について、次の記述のうち正しいものはどれか？

ア．狩猟免許の試験や交付は都道府県単位で行われ、その有効範囲は発行された都道府県内に限られる。

イ．狩猟免許の試験や交付等は都道府県単位で行われるが、その有効範囲は全国である。

ウ．狩猟免許の試験や交付は都道府県猟友会で行われ、その有効範囲は全国である。

【問7】

『狩猟免許の更新』について、次の記述のうち正しいものはどれか。

ア．有効期限が切れる3年目の9月14日までに更新申請書を都道府県知事に提出し、講習を受けて適性検査に合格した場合に更新できる。

イ．狩猟免許は自動的に更新される。狩猟免許を手放す場合は、都道府県知事に対して失効申請書を提出する。

ウ．有効期限が切れる年度に狩猟免許試験を受験し、合格することにより更新申請が可能になる。

【問8】

環境大臣が定めた1日当たりの捕獲数の制限について、次の記述のうち正しいものはどれか。

ア．ニホンジカは、2頭である。

イ．ヤマドリおよびキジは、合計して2羽である。

ウ．エゾライチョウは、5羽である。

【問 9】

『狩猟免許の有効期限』について、次の記述のうち正しいものはどれか。

　　ア．有効期限の最終日は、誕生日の 1 ヶ月前の日なので、人によって違いがある。

　　イ．有効期限の最終日は誰でも 9 月 14 日であり、人によって違いはない。

　　ウ．狩猟免許の有効期限は、北海道以外の猟区以外では、11 月 15 日から 2 月 15 日までである。

【問 10】

休猟区について、次の記述のうち正しいものはどれか。

　　ア．減少している狩猟鳥獣の増加を図るために、環境大臣または都道府県知事により指定される。

　　イ．狩猟者が集中することで発生する危険を未然に防止しするために、都道府県知事により指定される。

　　ウ．減少している狩猟鳥獣の増加を図るために、都道府県知事により指定される。

【問 11】

『狩猟免許』の種類について、次の記述のうち正しいものはどれか。

　　ア．第一種銃猟免許を取得している者が使用できる銃器は、猟銃と空気銃である。

　　イ．第一種銃猟免許を取得している者が使用できる銃器は、猟銃のみである。

　　ウ．第一種銃猟免許を取得している者が使用できる銃器は、猟銃、空気銃、および空気拳銃である。

【問 12】

狩猟における鳥類の『ひな・卵』の捕獲について、次の記述のうち正しいものはどれか。

　　ア．鳥類のひなや卵は自由に捕獲できるが、生息数が少なくなっている鳥類のひなや卵の捕獲は規制されている。

　　イ．鳥類のひなや卵を捕獲することは禁止されているが、有害鳥獣捕獲等の理由で捕獲許可を受ければ捕獲できる。

　　ウ．鳥類のひなや卵は、たとえ狩猟鳥のものであっても捕獲することは禁止されており、これに例外はない。

【問 13】

『狩猟者登録の場所』について、次の記述のうち正しいものはどれか。

ア.『都道府県全部』で狩猟者登録をすれば、その都道府県内の放鳥獣猟区、捕獲調整猟区内でも狩猟が可能である。

イ.『放鳥獣猟区のみ』で狩猟者登録をすると、捕獲調整猟区と放鳥獣猟区で狩猟が可能である。

ウ.『放鳥獣猟区および捕獲調整猟区のみ』で狩猟者登録をすると、捕獲調整猟区と放鳥獣猟区で狩猟が可能である。

【問 14】

『空気銃の特性』について、次の記述のうち正しいものはどれか。

ア.スプリング式空気銃は、発射時に比較的大きな反動を感じる。

イ.ポンプ式空気銃は、発射時に比較的大きな反動を感じる。

ウ.通常、ポンプ式がその他の銃種（スプリング式、圧縮ガス式、プリチャージ式）に比べて威力が強い。

【問 15】

『銃器の各部の名称』を正しく示したものはどれか。

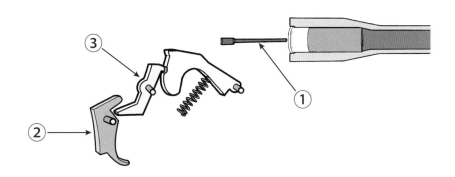

ア.①逆鈎　　②撃針　　③撃鉄

イ.①撃鉄　　②安全子　③撃針

ウ.①撃針　　②引鉄　　③逆鈎

【問 16】
『最大有効射程距離』について、次の記述のうち正しいものはどれか。
  ア. スラッグ弾は「100 メートル」
  イ. 7.5 号弾は「20 メートル」
  ウ. 9 号弾は「210 メートル」

【問 17】 ※受験する狩猟免許試験に応じて、次のいずれかの間を選択してください。
（**第一種選択**）『銃器の空撃ち』について、次の記述のうち正しいものはどれか。
  ア. 元折式銃を空撃ちする場合は、必ず銃身を取り付けた状態で空撃ちケースを薬室
     に入れて行う。
  イ. 空撃ちは撃針やバネの折損を招くおそれがあるので、不必要な空撃ちはできるだ
     け控えたほうがよい。
  ウ. 射撃の練習のために、空撃ちにより引鉄を引く習慣を身につけておいたほうがよ
     い。

（**第二種選択**）『空気銃の特性』について、次の記述のうち正しいものはどれか。
  ア. プリチャージ式空気銃は、圧縮した炭酸ガスを利用して弾を発射する方式である。
  イ. 通常、プリチャージ式がその他の銃種（スプリング式、圧縮ガス式、ポンプ式）
     に比べて威力が強い。
  ウ. 空気銃には弾倉を持つタイプは一切ない。

【問 18】 ※受験する狩猟免許試験に応じて、次のいずれかの間を選択してください。
（**第一種選択**）『散弾』について、次の記述のうち正しいものはどれか。
  ア. 一般的に、捕獲しようとする鳥獣が大型になるほど、号数の低い散弾、またはス
     ラッグ弾や OOB を使用する。
  イ. 大型獣を捕獲しようとするときは、散弾が 200 粒以上入った実包を使用する。
  ウ. 散弾の号数は大きくなるほど詰められている装弾の粒が大きくなる。

（**第二種選択**）空気銃の弾丸を正しく示したものはどれか。

  ア   イ   ウ

【問 19】

『銃器の撃発機構』について、次の記述のうち正しいものはどれか。

ア．引鉄と撃鉄はかみ合っており、引鉄を引くとかみ合いが外れて、撃鉄は雷管を打撃する。

イ．撃針は、撃鉄から殴打されることで雷管を打撃し、起爆させるためのものである。

ウ．逆鈎は引鉄とかみ合っており、引鉄の動きを止める安全装置となる部品である。

【問 20】

獣の行動である『木登り』について、次の記述のうち適切なものはどれか。

ア．ツキノワグマやヒグマは木に登って果実などを食べることがある。

イ．日本国内で木に登る狩猟獣はリス類ぐらいである。

ウ．ツキノワグマは木に登って円座（クマダナ）を作り、そこで獲物を待ち伏せる習性がある。

【問 21】

鳥獣の『営巣』について、次の記述のうち適切なものはどれか。

ア．鳥獣の営巣場所は種によって異なり、樹上や草むら、土穴など色々ある。

イ．鳥類は必ず樹上に営巣し、獣類は陸上に営巣する。

ウ．鳥類が、つがい、または家族で集まって営巣することをコロニーという。

【問 22】

『アライグマ』について、次の記述のうち適切なものはどれか。

ア．主に森林に生息しており、臆病な獣であるため人目に付く場所に現れることは滅多にない。

イ．北海道や北陸地方などに生息していた在来種で、近年は生息域が南下している。

ウ．北中米を原産とする外来種で、近年は放棄されたペットが野生化し、全国各地に生息域を拡大している。

【問 23】

『ヤマドリのオス』はどれか。

ア　　　　　　　　　イ　　　　　　　　　ウ

【問 24】

狩猟できるものはどれか。

ア　　　　　　　　　イ　　　　　　　　　ウ

【問 25】

『ヌートリア』について、次の記述のうち適切なものはどれか。

　　ア.北米原産の外来種で、毛皮獣として養殖されていたものが野生化して、現在では
　　　　北海道に分布している。

　　イ.森林や草原地帯に生息しており、草の上に巣を作る。

　　ウ.かつては毛皮獣として養殖されていた獣だったが、現在では主に西日本で野生化
　　　　が確認されている。

【問 26】

『キジ』について、次の記述のうち適切なものはどれか。

　　ア.主に平地の草原や農耕地、河川敷に生息している。亜種コウライキジは、より開
　　　　けた草地や畑地を好む。

　　イ.キジは北海道と沖縄を除く日本全国に分布する在来種。コウライキジは北海道や
　　　　対馬などに生息する在来種である。

　　ウ.主に草原地帯に生息し地上で採食することが多いが、営巣場所は樹上である。

【問27】

『鳥の歩き方』について、次の記述のうち適切なものはどれか。

ア．キジは、両足をそろえてピョンピョンと跳ぶように歩く。

イ．ハシブトガラスは、交互に足を出して歩く場合と、両足をそろえて跳ぶ場合がある。

ウ．スズメは必ず、足を交互に出して一歩ずつ歩く。

【問28】

鳥獣の『食性』について、次の記述のうち適切なものはどれか。

ア．ヒヨドリは果実や花蜜を好むため、農作物に被害を出すことは滅多にない。

イ．イノシシは、ヤマイモやタケノコなどの植物質のものを食べ、動物質のものは一切食べない。

ウ．キジは、植物質・動物質のどちらも食べる。

【問29】

「認定鳥獣捕獲等事業者」について、次の記述のうち正しいものはどれか。

ア．鳥獣捕獲に係わる安全管理体制や従事者の技能や知識が一定の基準に適合していれば、法人として捕獲の実績がなくても認定鳥獣捕獲等事業者の認定を受けることができる。

イ．都道府県知事から認定鳥獣捕獲等事業者の認定を受けるためには、鳥獣捕獲に係わる安全管理体制や従事する者の技能や知識が一定の基準に適合していることなど、様々な条件がある。

ウ．鳥獣捕獲に係わる安全管理体制や技能や知識を有しており、狩猟の実績が十分であれば、個人でも認定鳥獣捕獲等事業者になることができる。

【問30】

狩猟鳥獣の病気や寄生虫について、次の記述のうち適切なものはどれか。

ア．ノウサギが保有することがある野兎病は人間も感染するが、経口からしか感染しないため、肉によく火を通せば安全である。

イ．野生鳥獣の肉には、人間が感染するような寄生虫、病原性細菌などは保有していない。

ウ．野生鳥獣には、寄生虫や病原性細菌を保有していることが多いので、肉の生食は慎むべきである。

予想模試試験1の回答

問1	ア	問7	ア	問13	ア	問19	イ	問25	ウ
問2	ウ	問8	イ	問14	ア	問20	ア	問26	ア
問3	イ	問9	イ	問15	ウ	問21	ア	問27	イ
問4	ウ	問10	ウ	問16	ア	問22	ウ	問28	ウ
問5	ウ	問11	ア	問17	イ	問23	ウ	問29	イ
問6	イ	問12	イ	問18	ア	問24	イ	問30	ウ

【問1】 ア

（解説 イ）鳥獣法違反（例えば無免許での狩猟行為など）で「罰金刑以上」（罰金、懲役）を受けた人は、その後3年間狩猟免許を受けることができません。しかし、鳥獣法等とは関係のない罪（例えば道路交通法違反など）で罰金刑以上が処せられた場合は、欠格期間の定めはありません。

（解説 ウ）狩猟免許試験が取り消された場合でも、その後3年を越えたら、再度狩猟免許試験を受けなおすことができます。

Ⅱ狩猟に関する法令

2鳥獣の保護及び管理並びに狩猟の適正化に関する法律（鳥獣法）

（4）狩猟免許の効力等 ③免許の取消し等

【問2】 ウ

（解説 ア）空気銃のみで登録をする場合は、必ず第二種銃猟登録でなければなりません。のちに散弾銃やライフル銃で登録をする場合は、第一種銃猟登録を受ける必要があります。

（解説 イ）第一種銃猟は猟銃（散弾銃、ライフル銃、散弾銃及びライフル銃以外の猟銃）および空気銃。第二種銃猟は空気銃のみ使用できます。ライフル銃は猟銃の一種なので、第二種銃猟登録では使用できません。

Ⅱ狩猟に関する法令

2鳥獣の保護及び管理並びに狩猟の適正化に関する法律（鳥獣法）

（5）狩猟者登録制度 ②登録方法

【問3】　イ

（解説 ア）鳥獣の生息地の保護や整備をはかるために設置されるのは、鳥獣保護区や休猟区です。

（解説 ウ）入猟の承認を得る先は市町村長ではなく、都道府県知事です。

Ⅱ狩猟に関する法令

2鳥獣の保護及び管理並びに狩猟の適正化に関する法律（鳥獣法）

（9）捕獲規制区域等　③特定猟具使用禁止区域（銃猟やわな猟の制限区域）

【問4】　ウ

（解説 ア・イ）違法に捕獲した鳥獣の譲渡又は譲受は、例外なく禁止されています。

Ⅱ狩猟に関する法令

2鳥獣の保護及び管理並びに狩猟の適正化に関する法律（鳥獣法）

（17）その他　③違法捕獲物の譲渡等

【問5】　ウ

（解説 ア）ツキノワグマは狩猟鳥獣ですが、令和4年の時点で東京都、兵庫県、鳥取県、島根県、岡山県、高知県では、都道府県知事による捕獲禁止規制が設けられています。

（解説 イ）都道府県知事が行えるのは、狩猟鳥獣の『捕獲禁止規制』です。狩猟鳥獣の『指定』自体を解除する権限はありません。

Ⅱ狩猟に関する法令

2鳥獣の保護及び管理並びに狩猟の適正化に関する法律（鳥獣法）

（2）狩猟鳥獣　③狩猟鳥獣の捕獲規制

【問6】　イ

（解説 ア・ウ）狩猟免許は、管轄都道府県知事によって発行されますが、国家資格なので有効範囲は全国一円です。

Ⅱ狩猟に関する法令

2鳥獣の保護及び管理並びに狩猟の適正化に関する法律（鳥獣法）

（4）狩猟免許の効力等　①免許の有効期間等

【問7】 ア

（解説 イ）狩猟免許の更新は、更新申請を提出して講習を受けて、適性検査に合格することで、その年の9月15日に更新されます。この適性検査に合格しなければ狩猟免許は失効となります。

（解説 ウ）狩猟免許の更新に、狩猟免許試験を受けなおす必要はありません。

Ⅱ 狩猟に関する法令

2 鳥獣の保護及び管理並びに狩猟の適正化に関する法律（鳥獣法）

（4）狩猟免許の効力等　②免許の更新

【問8】 イ

（解説 ア）ニホンジカは平成28年度までは1頭でしたが、翌年度から制限が撤廃されました。

（解説 ウ）エゾライチョウは2羽までです。

Ⅱ 狩猟に関する法令

2 鳥獣の保護及び管理並びに狩猟の適正化に関する法律（鳥獣法）

（7）捕獲数

【問9】 イ

（解説 ア）狩猟免許は9月14日が境になります。

（解説 ウ）「11月15日から2月15日」は狩猟期間（北海道・猟区以外）であり、狩猟免状の有効期限とは関係がありません。

Ⅱ 狩猟に関する法令

2 鳥獣の保護及び管理並びに狩猟の適正化に関する法律（鳥獣法）

（4）狩猟免許の効力等　①免許の有効期間等

【問10】 ウ

（解説 ア）休猟区は都道府県知事のみが行います。

（解説 イ）狩猟者が集中することで発生する危険を未然に防止しするために設置されるのは、特定猟具使用禁止・制限区域です。

Ⅱ 狩猟に関する法令

2 鳥獣の保護及び管理並びに狩猟の適正化に関する法律（鳥獣法）

（9）捕獲規制区域等　⑤休猟区

【問11】　ア

（解説　イ・ウ）第一種銃猟は、猟銃（散弾銃、ライフル銃、散弾銃及びライフル銃以外の猟銃）に加え、空気銃が使用できます。『空気拳銃』は狩猟用途では所持できないため、猟具として使用することはできません。

Ⅱ狩猟に関する法令
2鳥獣の保護及び管理並びに狩猟の適正化に関する法律（鳥獣法）
（3）狩猟免許と猟具　①狩猟免許の種類

【問12】　イ

（解説　ア）狩猟で捕獲可能な鳥類（狩猟鳥）であっても、そのひなや卵を狩猟で捕獲することは規制されています。

（解説　ウ）狩猟制度ではなく『捕獲許可制度』（例えば有害鳥獣捕獲や研究目的など）であれば、許可を受けることにより捕獲は可能です。

Ⅱ狩猟に関する法令
2鳥獣の保護及び管理並びに狩猟の適正化に関する法律（鳥獣法）
（2）狩猟鳥獣　④狩猟鳥のひな等

【問13】　ア

（解説　イ）『放鳥獣猟区のみ』で狩猟者登録をすると、放鳥獣猟区のみでしか狩猟はできません。一般猟場やその他の猟区では狩猟はできません。

（解説　ウ）『放鳥獣猟区および捕獲調整猟区のみ』という登録区分はありません。

Ⅱ狩猟に関する法令
2鳥獣の保護及び管理並びに狩猟の適正化に関する法律（鳥獣法）
（5）狩猟者登録制度　②登録方法

【問14】　ア

（解説　イ）ポンプ式の反動はほとんどなく、スプリング式はバネの反動を強く感じます。

（解説　ウ）一般的に、プリチャージ式が最も威力がある空気銃です。

Ⅳ猟具に関する知識
3—1銃器　（5）銃器の種類（機構による分類）　②空気銃

【問15】 ウ

（解説 ア・イ） 銃器は、引鉄→逆鉤→撃鉄→撃針の順番に駆動します。

Ⅳ猟具に関する知識
　　3−1銃器　（2）銃器の各部の名称

【問16】 ア

（解説 イ）7.5号弾の最大有効射程距離は「40メートル」です。

（解説 ウ）9号弾の最大有効射程距離は「40メートル」。210メートルは9号弾の最大到達距離です。

Ⅳ猟具に関する知識
　　3−2実包　（3）実包の威力　②弾丸の種類と適用

【問17】 イ

第一種選択

（解説 ア）元折式銃を空撃ちする場合は、必ず銃身を取り外し、むき出しになった撃針孔に木片などの当てものをして行います。

（解説 ウ）引鉄に触れる習慣が付くと思わぬ暴発事故などを起こしかねないので、なるべく行わないことが望ましいとされています。

Ⅵ狩猟の実施方法
　　6銃器の操作方法　（1）銃器の安全点検

第二種選択

（解説 ア）プリチャージ式は、付属の蓄圧室やエアーボンベから圧縮空気を取り出して弾を発射します。

（解説 ウ）圧縮ガス式やプリチャージ式には、弾倉を持つタイプもあります。

Ⅳ猟具に関する知識
　　3−1銃器　（5）銃器の種類（機構による分類）　②空気銃

【問１８】　ア

第一種選択

（解説　イ）大型獣を捕獲する場合は、スラッグ弾（単発弾）やOOBといった大粒の装弾を用います。「何粒必要」という考え方ではありません。

（解説　ウ）一般的に散弾は号数が大きくなるほど装弾の大きさは小さくなります。例えば1号弾は直径約 4.06 ㎜、10 号弾は直径約 1.8 ㎜です。

Ⅳ猟具に関する知識
　　３―２実包　（３）実包の威力　②弾丸の種類と適用

第二種選択

（解説　イ）散弾実包。円筒型のケースに入っているのが特徴です。

（解説　ウ）ライフル実包。真鍮製のケースと弾頭が先端にはまっている形状が特徴です。

Ⅳ猟具に関する知識
　　３―２実包　（２）実包のしくみと構造　④空気銃弾

【問１９】　イ

（解説　ア）引鉄は逆鈎とかみ合っており、逆鈎は撃鉄にかみ合っています。

（解説　ウ）逆鈎は引鉄に適切な重さがかかるまで撃鉄を止めておく部品です。安全装置の役割はありません。

Ⅳ猟具に関する知識
　　３―１銃器　（３）散弾銃の仕組みと構造　②銃器の構造

【問２０】　ア

（解説　イ）木登りをするのは、ツキノワグマ、ヒグマ、タヌキ、アライグマ、ハクビシン、テンなど様々です。

（解説　ウ）円座（クマダナ）は、ツキノワグマが木に登って果実を食べるときにできます。

Ⅲ鳥獣に関する知識
　　３鳥獣の生態等　（１）行動特性　②動作の特徴

【問21】 ア

（解説 イ）例えば、コジュケイは草むらの中に営巣し、シマリスは樹の穴の中に巣を作ります。

（解説 ウ）集団で営巣する場所をコロニー（集団営巣地）と呼ばれています。つがいや家族単位とは限りません。

Ⅲ鳥獣に関する知識

3鳥獣の生態等 （2）繁殖生態 ②営巣場所

【問22】 ウ

（解説 ア）森林以外にも、農耕地や公園に出てくることも多く、市街地などに出没して屋根裏に住み着くなどの被害も多く発生しています。

（解説 イ）アライグマは北中米を原産とする外来種です。かつては北海道などの一部で野生化した個体が見られましたが、近年は日本全国に生息域を広げています。

Ⅲ鳥獣に関する知識

4各鳥獣の特徴等に関する解説 （2）狩猟獣類 ⑩アライグマ

【問23】 ウ

（解説 ア・イ）キジのオスは長い尾と、顔に大きく赤い肉垂が特徴です。「ア」はコジュケイ、「イ」はキジのメスです。

Ⅲ鳥獣に関する知識

2鳥獣の判別 （3）色

【問24】 イ

（解説 ア）ホオジロガモのオス。くちばしの根本が白いのが特徴です。

（解説 ウ）トモエガモのオス。目の周りに緑色の線が特徴です。コガモのオスとの見間違いに注意。

Ⅲ鳥獣に関する知識

2鳥獣の判別 （2）体の大きさ ①大きさによる判別

【問25】 ウ

（解説 ア）養殖された個体が逃げ出し、現在は西日本の広い範囲で定着が確認されています。

（解説 イ）平野部の河川や池沼などの水辺に生息しており、土中に巣穴を掘ります。

Ⅲ鳥獣に関する知識
4 各鳥獣の特徴等に関する解説 （2）狩猟獣類 ⑱ヌートリア

【問26】 ア

（解説 イ）コウライキジは在来種ではなく、中国・朝鮮半島原産の外来種です。

（解説 ウ）キジの営巣場所は林などが近い草むらです。

Ⅲ鳥獣に関する知識
4 各鳥獣の特徴等に関する解説
（1）狩猟鳥類 ⑮キジ（亜種のコウライキジを含む）

【問27】 イ

（解説 ア・ウ）キジは一歩ずつ歩きます。スズメは両足をそろえてピョンピョン跳び、一歩ずつ歩くことはありません。

Ⅲ鳥獣に関する知識
3 鳥獣の生態等 （1）行動特性 ②動作の特徴

【問28】 ウ

（解説 ア）ヒヨドリは花蜜や果実だけでなく、キャベツなどの露地栽培の野菜を食害することがあります。

（解説 イ）イノシシは植物食性が強い獣ですが、動物質のものも食べる雑食性です。

Ⅲ鳥獣に関する知識
3 鳥獣の生態等 （1）行動特性 ⑤食性

【問29】 イ

（解説 ア）法人として過去3年以内に対象とする鳥獣の捕獲実績がなければ、認定を受けることはできません。

（解説 ウ）法人格（例えば株式会社やNPOなど）を有してなければ、認定鳥獣捕獲等事業者の認定を受けることはできません。

Ⅴ鳥獣の管理

2指定管理鳥獣捕獲等事業と認定鳥獣捕獲等事業者

（2）認定鳥獣捕獲等事業者

【問30】 ウ

（解説 ア）ノウサギが保有することがある野兎病は、非常に感染力が強いため、肉に触れただけでも感染するリスクがあります。

（解説 イ）エキノコックス症や野兎病、狂犬病、オウム病、ブルセラ病など、多数の人獣共通感染症のリスクがあります。

Ⅵ狩猟の実施方法

19人と動物の共通感染症

予想模擬試験・問題解答

2

【問1】
『狩猟者登録の方法』について、次の記述のうち正しいものはどれか。

ア．狩猟者登録をすると、登録をした都道府県から狩猟者登録証と狩猟者記章が交付される。

イ．狩猟者登録は、3千万円以上の資産を有していなければ行うことができず、その資力の証明として3千万円以上の貯金残高証明書や固定資産評価証明書などが必要になる。

ウ．第一種銃猟または第二種銃猟の狩猟者登録は、猟銃・空気銃の所持許可を受けていなくても登録すること自体は可能である。

【問2】
環境大臣が定めた『捕獲数の制限』について、次の記述のうち正しいものはどれか。

ア．狩猟鳥獣は、どの種類についても捕獲数に制限がある。

イ．カモ類を網で狩猟する場合は、1日あたり合計して200羽まで捕獲できる。

ウ．ツキノワグマ、ヒグマに、1日当たりの捕獲数の制限はない。

【問3】
『狩猟免許』の種類について、次の記述のうち正しいものはどれか。

ア．狩猟免許は、第一種銃猟免許、第二種銃猟免許、わな猟免許、網猟免許の4種類に区分されている。

イ．狩猟免許は、第一種銃猟免許、第二種銃猟免許、わな・網猟免許の3種類に区分されている。

ウ．狩猟免許は、散弾銃猟免許、ライフル銃猟免許、空気銃猟免許、わな・網猟免許の4種類に区分されている。

【問4】
『狩猟者登録証の記載内容の変更等』について、次の記述のうち正しいものはどれか。

ア．住所や氏名に変更があったときは、狩猟免許の変更手続きは必要だが、狩猟者登録についてはその必要はない。

イ．住所や氏名に変更があったときは、狩猟期間終了後に登録を受けた都道府県知事に対して届出をしなければならない。

ウ．住所や氏名に変更があったときは、遅滞なく登録を受けた都道府県知事に対して届出をしなければならない。

【問5】

『狩猟期間』ついて、次の記述のうち正しいものはどれか。

ア．北海道以外の地域では、10月15日から4月15日までの6カ月間である。なお、猟区では10月15日から3月15日までの5カ月間である。

イ．北海道以外の地域では、11月15日から翌年の2月15日までの3カ月間である。なお、猟区では10月15日から3月15日までの5カ月間である。

ウ．東北3県（青森、秋田、山形）のカモ猟は、11月1日から翌年の1月31日までの3カ月間である。

【問6】

『狩猟免許の有効期限』について、次の記述のうち正しいものはどれか。

ア．試験を受けた日から3年を経過した日に属する年の9月14日までの約3年間である。

イ．試験を受けた日から3年間である。

ウ．試験を受けた日から3回目の誕生日までである。

【問7】

狩猟者登録証返納時の『捕獲報告』の内容について、次の記述のうち正しいものはどれか。

ア．狩猟期間中に目撃した狩猟鳥獣の種類と場所、頭羽数を報告しなければならない。

イ．狩猟者登録証を返納後、30日以内に都道府県知事に対して報告書を提出する。

ウ．狩猟期間中に捕獲した鳥獣の種類、場所、頭羽数を報告しなければならない。

【問8】

『猟法の使用規制』について、次の記述のうち正しいものはどれか。

ア．散弾銃は法定猟法（装薬銃）の一種だが、口径が10番以上の散弾銃は、鳥獣保護に支障を及ぼすことから使用が禁止されている。

イ．つりばりやとりもち、矢を使った猟法は規制されているが、法定猟法と併用すれば狩猟に使用できる。

ウ．据銃や落とし穴（陥穽）は、狩猟鳥獣の保護に支障をおよぼすことから使用が禁止されている。

【問 9】

『鳥獣保護管理員』について、次の記述のうち正しいものはどれか。

ア．鳥獣保護管理員は、主に狩猟のガイドや補佐を行うために組織されている。

イ．鳥獣保護管理員は、主に希少鳥獣の保護や狩猟の取り締まりを行う、国家公務員である。

ウ．鳥獣保護管理員は、主に狩猟の取締りや鳥獣保護区の管理等を行う都道府県の非常勤職員である。

【問１０】

狩猟鳥獣の『指定』について、次の記述のうち正しいものはどれか。

ア．都道府県知事により定められている。

イ．環境大臣により定められている。

ウ．都道府県ごとの猟友会により定められている。

【問１１】

『捕獲の許可』について、次の記述のうち正しいものはどれか。

ア．国指定鳥獣保護区以外で希少鳥獣を捕獲する場合、その捕獲許可を出すのは都道府県知事である。

イ．環境大臣または都道府県知事から捕獲の許可を受ければ、狩猟期間外や非狩猟鳥獣であっても捕獲は可能である。

ウ．捕獲の許可を受けて有害鳥獣捕獲を実施する者は、狩猟免許所持者でなければならない。

【問１２】

『狩猟者登録証の提示』について、次の記述のうち正しいものはどれか。

ア．警察官や国または都道府県の担当職員、鳥獣保護管理員から提示を求められたときは、提示しなければならない。

イ．狩猟者登録証には個人情報が記載されているので、提示を求められたからと言って、安易に応えるべきではない。

ウ．狩猟をしようとしている土地の所有者から提示を求められた場合でも、提示の義務はないが、なるべく対応すべきである。

【問13】
『銃器による止めさし』について、次の記述のうち正しいものはどれか。
　　ア．自分が仕掛けたくくりわなであれば、他人が所持する銃器を借りて止めさしが可
　　　　能である。
　　イ．止めさし行為に危険性があると判断されなかったとしても、わなにかかった獲物
　　　　からの反撃を防ぐために、銃器を使って止めさしをすることができる。
　　ウ．他人が仕掛けたくくりわなであっても、所有者からの依頼を受けて銃器を使った
　　　　止めさしができる。

【問14】※受験する狩猟免許試験に応じて、次のいずれかの問を選択してください。
（第一種選択）「散弾銃の種類」を正しく示したものはどれか。

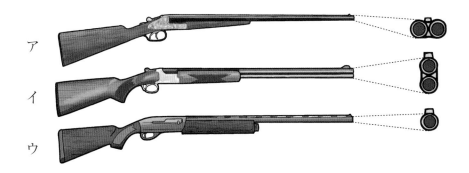

　　ア．①上下二連銃　　②水平二連銃　　③自動（装填式）銃
　　イ．①水平二連銃　　②自動（装填式）銃　　③上下二連銃
　　ウ．①水平二連銃　　②上下二連銃　　③自動（装填式）銃

（第二種選択）『空気銃』について、次の記述のうち正しいものはどれか。
　　ア．ポンプ式は、圧縮した炭酸ガスをポンプで送り込んで弾を発射する方式である。
　　イ．圧縮ガス式空気銃は、スプリングの力で空気を圧縮する。
　　ウ．プリチャージ式は、手動ポンプやスキューバーダイビングタンクなどを使って圧
　　　　縮した空気を蓄圧室などに充填する。

【問15】
『引鉄の重さ（引落力）』について、次の記述のうち正しいものはどれか。
　　ア．狩猟用の銃は、約2.0キログラムが適当である。
　　イ．狩猟用の銃は、軽ければ軽いほどよい。
　　ウ．狩猟用の銃は、約4.0キログラムが適当である。

【問16】※受験する狩猟免許試験に応じて、次のいずれかの問を選択してください。

（第一種選択）『散弾の飛距離』について、次の記述のうち正しいものはどれか。

　　ア．物体は重たいほど落下速度が速いため、1粒が重たい散弾ほど到達距離は短くなる。

　　イ．射角が20〜30度で発射したときが最も長くなる。

　　ウ．散弾は小さいので、飛距離は風の影響をほとんど受けない。

（第二種選択）空気銃の弾丸の最大有効射程離』（プリチャージ式をのぞく）について、最も適切な値はどれか。

　　ア．約10メートル　　イ．約30メートル　　　ウ．約310メートル

【問17】
『銃器各部の名称』を正しく示したものはどれか。

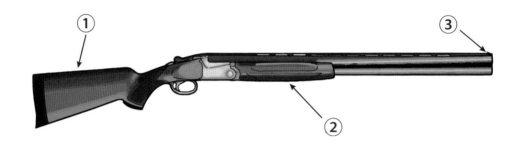

　　ア．①銃床　　　　②先台　　　　③照星

　　イ．①床尾　　　　②銃床　　　　③先台

　　ウ．①肩当て　　　②機関部　　　③照門

【問18】※受験する狩猟免許試験に応じて、次のいずれかの問を選択してください。

（第一種選択）散弾銃の『自動(装填式)銃』について、次の記述のうち正しいものはどれか。

　　ア．先台を手で前後に動かして、装填や空薬莢の排出を行う。

　　イ．発射の際に生じるガス圧や反動を利用して、装填や空薬莢の排出を行う。

　　ウ．引き金を引きっぱなしにすることで、自動的に発射・装填・空薬莢の排莢を行う。

（第二種選択）『圧縮ガス式空気銃』について、次の記述のうち正しいものはどれか。

　ア．銃自体にとりつけられているレバーで空気を圧縮して蓄え、それを噴気孔から銃腔へ噴出させ、弾丸を発射する。

　イ．液化ガス等が封入されたボンベを蓄圧室に入れて密閉し、気化した圧力を利用して弾丸を発射する。

　ウ．バネの復元力でピストンを前進させ、空気を噴気孔から銃腔へ噴出させて弾丸を発射する。

【問１９】※受験する狩猟免許試験に応じて、次のいずれかの問を選択してください。

（第一種選択） 次のうち、『装薬銃の機構』のみを並べているものはどれか。

　ア．圧縮ガス式、水平二連式、アンダーレバー式

　イ．ボルト式、上下二連式、スライド式

　ウ．自動装填式、水平二連式、プリチャージ式

（第二種選択） 次のうち、『空気銃の機構』のみを並べているものはどれか。

　ア．ボルト式、ポンプ式、スライド式

　イ．プリチャージ式、ポンプ式、圧縮ガス式

　ウ．スプリング式、上下二連式、プリチャージ式

【問２０】

次の図のうち、ヒヨドリの飛び方を現したものはどれか。

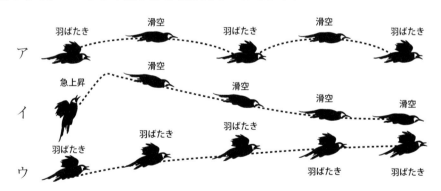

【問２１】

獣の持つ『角』について、次の記述のうち適切なものはどれか。

　ア．ニホンジカはオスだけに角があり、カモシカはオス・メス両方に角がある。

　イ．ニホンジカとカモシカは、ともにオスのみ角がある。

　ウ．ニホンジカとカモシカは、先が枝分かれする角を持つ。

【問２２】
鳥獣の『営巣』について、次の記述のうち適切なものはどれか。

    ア．木登りが得意であるツキノワグマは、営巣のために樹上にクマダナを作る。

    イ．ハシブトガラスやハシボソガラスは、樹上に巣を作る。

    ウ．ノウサギは地中に穴を掘って群れで生活をする。

【問２３】
『ニホンジカのメス』はどれか。

       ア   イ   ウ

【問２４】
『マガモ』のオスはどれか。

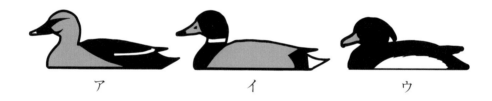

       ア   イ   ウ

【問２５】
日本国内で見られる『鳥類の種類』について、次の記述のうち正しいものはどれか。

    ア．約30％が渡り鳥である。

    イ．約80％が渡り鳥である。

    ウ．約50％が渡り鳥である。

【問２６】
『クマ類』の体長について、次の記述のうち適切なものはどれか。

    ア．北海道に生息する種と本州以南に生息する種は、ほぼ同じ大きさである。

    イ．北海道に生息する種は、本州以南に生息する種より小さい。

    ウ．北海道に生息する種は、本州以南に生息する種より大きい。

【問２７】

『外来種』について、次の記述のうち正しいものはどれか。

　　ア．季節によって生息地を変える鳥類を指す。

　　イ．日本国内にもともと生息していた在来種から捕食されるため、積極的に保護されている。

　　ウ．本来その種が生息していない場所に、人間の手によって持ち込まれた生物を外来種という。

【問２８】

同じ科の獣を列記したものはどれか。

　　ア．タヌキ・キツネ

　　イ．ニホンジカ・カモシカ

　　ウ．アナグマ・ツキノワグマ

【問２９】

「鳥獣の保護及び管理」の考え方について、次の記述のうち正しいものはどれか。

　　ア．減少が著しい鳥獣の地域個体群の存続と、増加が著しい鳥獣による農林水産被害の軽減の両立を図るためには、第一種特定鳥獣保護計画、第二種特定鳥獣管理計画の策定により総合的な取組が効果的である。

　　イ．第二種特定鳥獣管理計画に定める鳥獣は、イノシシおよびニホンジカの２種のみである。

　　ウ．第二種特定鳥獣管理計画に定める鳥獣は、狩猟免許所持者であれば狩猟期間外であっても自由に捕獲することができる。

【問３０】

『無毒性弾』について、次の記述のうち正しいものはどれか。

　　ア．無毒性弾の多くは鉛製に比べて柔らかく、同じ号数の散弾を使った際に殺傷力が多少落ちる。

　　イ．鉄系弾は鉛弾に比べて反発力が低いため、跳弾のリスクが低くなる。

　　ウ．鉛弾によるカモ類や猛禽類への鉛中毒を防ぐために、毒性の小さい鉄製などが使われている。

予想模試試験2の回答

問1	ア	問7	ウ	問13	ウ	問19	イ	問25	イ
問2	ウ	問8	ア	問14	ウ	問20	ア	問26	ウ
問3	ア	問9	ウ	問15	ア	問21	ア	問27	ウ
問4	ウ	問10	イ	問16	イ	問22	イ	問28	ア
問5	イ	問11	イ	問17	ア	問23	ウ	問29	ア
問6	ア	問12	ア	問18	イ	問24	イ	問30	ウ

【問1】 ア

（解説 イ）狩猟者登録に、所有資産に関する決まりはありません。ただし、事故が発生した際の賠償能力の証明として、3千万円以上の損害保険への加入や、資産を証明する書類等が必要になります。

（解説 ウ）第一種銃猟の狩猟者登録は、猟銃（散弾銃やライフル銃）。第二種銃猟の狩猟者登録は空気銃の所持許可をあらかじめ受けておく必要があります。

Ⅱ狩猟に関する法令

2鳥獣の保護及び管理並びに狩猟の適正化に関する法律（鳥獣法）

（5）狩猟者登録制度　②登録方法

【問2】 ウ

（解説 ア）捕獲数に制限があるのは、カモ類、エゾライチョウ、ヤマドリおよびキジ、コジュケイ、ヤマシギおよびタシギ、キジバトです。

（解説 イ）1日の捕獲数制限ではなく、「一猟期中に捕獲できるカモの合計」が200羽までです。

Ⅱ狩猟に関する法令

2鳥獣の保護及び管理並びに狩猟の適正化に関する法律（鳥獣法）

（7）捕獲数

【問3】 ア

（解説 イ・ウ）狩猟免許は、第一種銃猟免許（猟銃・空気銃）、第二種銃猟免許（空気銃）、わな猟免許（わな）、網猟免許（網）の4種類です。

Ⅱ狩猟に関する法令
2鳥獣の保護及び管理並びに狩猟の適正化に関する法律（鳥獣法）
（3）狩猟免許と猟具　①狩猟免許の種類

【問4】 ウ

（解説 ア）住所や氏名の変更があった場合は狩猟免許の記載内容変更と合わせて、狩猟者登録の変更も行います。

（解説 イ）狩猟者登録の記載内容の変更や亡失した場合は、〝遅延なく〟登録した都道府県知事に対して届出なければなりません。

Ⅱ狩猟に関する法令
2鳥獣の保護及び管理並びに狩猟の適正化に関する法律（鳥獣法）
（5）狩猟者登録制度　③登録証

【問5】 イ

（解説 ア）「10月15日から4月15日までの6カ月間」は〝狩猟者登録〟（北海道以外）の有効期間です。狩猟期間ではありません。

（解説 ウ）「東北3県（青森、秋田、山形）のカモ猟」の猟期は、令和4年度から撤廃されています。

Ⅱ狩猟に関する法令
2鳥獣の保護及び管理並びに狩猟の適正化に関する法律（鳥獣法）
（6）狩猟期間

【問6】 ア

（解説 イ）狩猟免許の有効期限は、「試験を受けた日」や「誕生日」ではなく、「9月15日」を境に考えます。

（解説 ウ）狩猟免許の有効期限に、誕生日は関係ありません。

Ⅱ狩猟に関する法令
2鳥獣の保護及び管理並びに狩猟の適正化に関する法律（鳥獣法）
（4）狩猟免許の効力等　①免許の有効期間等

【問7】 ウ

（解説 ア）狩猟中に『目撃した』ではなく、実際に捕獲した鳥獣の種類、場所、頭羽数を報告します。

（解説 イ）捕獲報告は狩猟者登録証の返納時に合わせて行います。一般的には狩猟者登録証の裏面が捕獲報告用紙になっています。

Ⅱ狩猟に関する法令
　2鳥獣の保護及び管理並びに狩猟の適正化に関する法律（鳥獣法）
　（5）狩猟者登録制度　③登録証

【問8】 ア

（解説 イ）使用規制に該当する猟法（例えば、つりばりやとりもち、矢、ヤマドリ・キジを捕獲する目的のテープレコーダー、爆発物、毒物等）は、例外なく狩猟に使用することはできません。

（解説 ウ）据銃や落とし穴、毒薬や爆薬などは、狩猟者自身や周囲の人の生命、財産に危害を加える危険性があるため、使用が禁止されています。

Ⅱ狩猟に関する法令
　2鳥獣の保護及び管理並びに狩猟の適正化に関する法律（鳥獣法）
　（3）狩猟免許と猟具

【問9】 ウ

（解説 ア）鳥獣保護管理員は、都道府県が実施する鳥獣保護管理事業（たとえば狩猟者への法令遵守指導など）を行うために組織されます。

（解説 イ）鳥獣保護管理員は都道府県が実施する鳥獣保護管理事業に従事する都道府県の非常勤職員です。

Ⅱ狩猟に関する法令
　2鳥獣の保護及び管理並びに狩猟の適正化に関する法律（鳥獣法）
　（17）その他

【問10】 イ

（解説 ア・ウ）狩猟鳥獣の指定は環境大臣が行います。

Ⅱ狩猟に関する法令
　2鳥獣の保護及び管理並びに狩猟の適正化に関する法律（鳥獣法）
　（2）狩猟鳥獣　②狩猟鳥獣の指定

【問11】 イ

（解説 ア）希少鳥獣を捕獲する場合は、環境大臣からの捕獲許可を受けなければなりません。

（解説 ウ）法定猟法で有害鳥獣捕獲を行う人は、原則として対応する狩猟免許を所持することが求められますが、〝必ず必要〟というわけではありません。自宅敷地内（農地内）でのわなの使用や、囲いわなの使用は狩猟免許が不要である場合もあります。

Ⅱ狩猟に関する法令
　2鳥獣の保護及び管理並びに狩猟の適正化に関する法律（鳥獣法）
　（11）鳥獣の捕獲許可等　②捕獲の許可

【問12】 ア

（解説 イ）狩猟者登録証には住所や生年月日等が記載されていますが、警察官や鳥獣保護管理員などから求められたら、提示をしなければなりません。

（解説 ウ）狩猟をしようとしている土地の所有者から求められた場合は、必ず提示しなければなりません。

Ⅱ狩猟に関する法令
　2鳥獣の保護及び管理並びに狩猟の適正化に関する法律（鳥獣法）
　（5）狩猟者登録制度　③登録証

【問13】 ウ

（解説 ア）銃器による止めさしは、止めさしを行う都道府県内で、使用する銃器に対応した狩猟者登録を受けている必要があります。つまり、他人の銃器を借りて止めさしをすることはできません。さらに、銃刀法違反にもなります。

（解説 イ）銃器により止めさしができる要件には、「わなにかかった鳥獣が獰猛で、捕獲等をする者の生命や身体に危害をおよぼす場合」に限られています。

Ⅱ狩猟に関する法令
　2鳥獣の保護及び管理並びに狩猟の適正化に関する法律（鳥獣法）
　（13）捕獲等の定義等　①捕獲等の定義

【問１４】 ウ

第一種選択

（解説 ア・イ）銃身が上下に並んでいるタイプは上下二連銃。横に並んでいるタイプは水平二連銃です。

Ⅳ猟具に関する知識

3－1銃器

（5）銃器の種類（機構による分類）　①装薬銃（散弾銃、ライフル銃）

第二種選択

（解説 ア）ポンプ式は、銃自体に付属するポンプを使って、空気を圧縮して貯める方式です。

（解説 イ）圧縮ガス式は、液化炭酸ガス等が入った小型ボンベを使う方式です。

Ⅳ猟具に関する知識

3－1銃器　（5）銃器の種類（機構による分類）　②空気銃

【問１５】 ア

（解説 イ）引鉄の重さが軽いと、銃に衝撃が加わっただけで撃鉄が落ちる可能性があるので、とても危険です。

（解説 ウ）引鉄は重いほど「安全」といえますが、あまり重すぎると狙いがそれるなどの弊害が発生します。よって狩猟用では2kgほどが一般的です。

Ⅳ猟具に関する知識

3－1銃器　（3）散弾銃の仕組みと構造　②銃器の構造

【問１６】 イ

第一種選択

（解説 ア）物体が落下するスピードは重さには関係なく、常に一定です。ただし物体は重たいほど空気抵抗を受けにくくなるので、到達距離は長くなります。

（解説 ウ）散弾はライフル弾やスラッグ弾に比べて軽いので、風の影響を強く受けます。

Ⅳ猟具に関する知識

3－2実包　（3）実包の威力　①射程距離

第二種選択

（解説 ア）空気銃の最大有効射程は30 m程度です。プレチャージ式は100 mを超えることがあります。

（解説 ウ）「310 m」は空気銃（プレチャージ式をのぞく）の最大到達距離です。

Ⅳ猟具に関する知識

　　3―2実包　（3）実包の威力　②弾丸の種類と適用

【問17】　ア

（解説 イ）床尾は銃床と肩を密着させる部分。銃床は反動を抑えるために肩とほほを当て、銃を握る銃把が一体となった部分。先台は銃を支える部分です。

（解説 ウ）肩当て（床尾板）は肩を密着させるパッド。機関部は薬室や引鉄等が入った部分。照門は射手側に付いた照準器です。

Ⅳ猟具に関する知識

　　3―1銃器　（2）銃器の各部の名称

【問18】　イ

第一種選択

（解説 ア）先台を動かして装填・空薬莢の排出を行うのはスライドアクション式銃です。

（解説 ウ）引鉄を引きっぱなしで弾を発射できるのは、連続自動撃発式と呼ばれており、自動装填式とは別物です。

Ⅳ猟具に関する知識

　　3―1銃器

　　（5）銃器の種類（機構による分類）　①装薬銃（散弾銃、ライフル銃）

第二種選択

（解説 ア）これは「ポンプ式空気銃」です。

（解説 ウ）これは「スプリング式空気銃」です。

Ⅳ猟具に関する知識

　　3―1銃器　（5）銃器の種類（機構による分類）　②空気銃

【問19】 イ

第一種選択

（解説 ア）圧縮ガス式は空気銃の機構です。

（解説 ウ）プリチャージ式は空気銃の機構です。

　　　Ⅳ猟具に関する知識

　　　　　3─1銃器

　　　　　（5）銃器の種類（機構による分類）　①装薬銃（散弾銃、ライフル銃）

第二種選択

（解説 ア）ボルト式、スライド式は装薬銃の機構です。

（解説 ウ）上下二連式は装薬銃の機構です。

　　　Ⅳ猟具に関する知識

　　　　　3─1銃器　（5）銃器の種類（機構による分類）　②空気銃

【問20】　ア

（解説 イ・ウ）ヒヨドリは、羽ばたきと滑翔を交互に繰り返しながら波状に飛ぶ習性が
　　　　　　　あります。

　　　Ⅲ鳥獣に関する知識

　　　　　3鳥獣の生態等　（1）行動特性　②動作の特徴

【問21】　ア

（解説 イ）角があるのは、ニホンジカのオス、カモシカのオス・メスです。

（解説 ウ）ニホンジカの角は先が枝分かれした枝角です。カモシカは太い一本角（洞
　　　　　　角）です。

　　　Ⅲ鳥獣に関する知識

　　　　　2鳥獣の判別　（4）形　⑤角

【問２２】 イ

（解説 ア）ツキノワグマは樹洞や土穴に巣を作り、冬眠をします。

（解説 ウ）ノウサギは草むらなどにねぐらを作り、単独で生活します。

Ⅲ鳥獣に関する知識

3 鳥獣の生態等 （２）繁殖生態 ②営巣場所

【問２３】 ウ

（解説 ア・イ）ニホンジカのメスには角がありません。

Ⅲ鳥獣に関する知識2鳥獣の判別

（１）判別一般 ③狩猟鳥獣と間違えやすい鳥獣

【問２４】 イ

（解説 ア）カルガモ。目の周りの二本の黒褐色線が特徴です。

（解説 ウ）キンクロハジロ。頭が黒い、腹が白い、頭部に長い冠羽があるのが特徴です。

Ⅲ鳥獣に関する知識

2 鳥獣の判別 （１）判別一般 ②判別方法

【問２５】 イ

（解説 ア・ウ）日本で見られる鳥類のうち、約80％は渡り鳥とされています。

Ⅲ鳥獣に関する知識

3 鳥獣の生態等 （１）行動特性 ①渡りの習性

【問２６】 ウ

（解説 ア・イ）北海道に生息するクマ類（ヒグマ）は、本州に生息するクマ類（ツキノ
ワグマ）に比べて大型です。

Ⅲ鳥獣に関する知識

4 各鳥獣の特徴等に関する解説

（２）狩猟獣類 ⑪⑫ヒグマ・ツキノワグマ

【問27】 ウ

（解説 ア）季節によって生息地を変える鳥類は「外来種」ではなく「渡り鳥」と呼ばれます。

（解説 イ）外来種が在来種を捕食・駆逐するほうが問題になっています。

Ⅲ鳥獣に関する知識

1鳥獣に関する一般知識 （2）本邦産鳥獣種数 ⑤外来種

【問28】 ア

（解説 イ）ニホンジカはシカ科、カモシカはウシ科です。

（解説 ウ）アナグマはイタチ科、ツキノワグマはクマ科です。なお、タヌキ、キツネはイヌ科です。

Ⅲ鳥獣に関する知識

1鳥獣に関する一般知識 （1）鳥獣の知識 ①分類

【問29】 ア

（解説 イ）第二種特定鳥獣管理計画に定められる鳥獣は、「地域的に著しく増加等している種の地域個体群」であり、必ずしもイノシシ・ニホンジカのみではありません。

（解説 ウ）第二種特定鳥獣管理計画に定めた鳥獣の捕獲活動等は、指定管理鳥獣捕獲等事業で行われます。この事業は個人ではなく、主に認定鳥獣捕獲事業者が請け負います。

Ⅴ鳥獣の管理

1特定鳥獣に関する管理計画

（3）特定鳥獣に関する管理計画（第二種特定鳥獣管理計画）制度について

【問30】 ウ

（解説 ア）一般的に、鉛と鉛以外の弾では『鉛の方が柔らかい』です。弾が柔らかいと命中時に貫通せずに体内で停止するため、殺傷力は高くなるとされています。

（解説 イ）鉄系散弾は鉛弾に比べて反発力が高くなるため、跳弾のリスクも大きくなります。

Ⅳ猟具に関する知識

3—2実包

予想模擬試験・問題解答

3

【問1】
「鳥獣の保護及び管理並びに狩猟の適正化に関する法律」で『対象としている野生鳥獣』について、次の記述のうち適切なものはどれか。
　　ア．日本国内に生息する野生鳥獣は原則としてすべて狩猟可能だが、大部分は「保護鳥獣」に指定されており狩猟が禁止されている。
　　イ．狩猟免許を所持する者は、日本国内に生息するすべての野生鳥獣を捕獲する権利を持つ。
　　ウ．日本国内に生息する野生鳥獣は、一部の例外を除いて、すべて保護されている。

【問2】
『猟法の使用規制』について、次の記述のうち正しいものはどれか。
　　ア．ユキウサギおよびノウサギの捕獲で『はり網』を使用する猟法は禁止されている。
　　イ．かすみ網を狩猟に使用することは禁止されており、さらに捕獲を目的とした所持や販売も規制されている。
　　ウ．とりもちを使って狩猟をすることは全面的に禁止されている。ただし、小型の獣類を捕獲することは認められている。

【問3】
狩猟者登録証返納時の『捕獲報告』の内容について、次の記述のうち正しいものはどれか。
　　ア．狩猟期間中に捕獲した鳥獣の種類、場所、時間、頭羽数を報告しなければならない。
　　イ．捕獲報告では、捕獲した狩猟鳥獣の種類と頭羽数を報告する必要はあるが、捕獲した場所まで報告する義務はない。
　　ウ．狩猟者登録の有効期間の満了後30日以内に行う必要がある。

【問4】
「イヌを使った猟法」について、次の記述のうち正しいものはどれか。
　　ア．「イヌに獲物を嚙み殺させて捕獲する猟法」、または「イヌに獲物を嚙みつかせて動きを止めた状態で、法定猟法以外の方法で捕獲する方法」は禁止されている。
　　イ．イヌに獲物を追わせて、逃走する狩猟獣や、やぶから飛び立った狩猟鳥を銃器によって狩猟する行為は禁止されている。
　　ウ．イヌがイノシシなどと格闘して絡み合ったとき、発砲をするとイヌを傷つけてしまう危険性からやむを得ずナイフで止めさしした場合であっても、違反に当たる。

【問５】
狩猟により捕獲した鳥獣等の『輸出入』について、次の記述のうち適切なものはどれか。
　　ア．環境省令で定める鳥獣、鳥獣の加工品および鳥類の卵を輸出する場合、適法に捕獲したものであることの証明書が必要である。
　　イ．環境省令で定める鳥獣、鳥獣の加工品および鳥類の卵を輸出する場合、適法に捕獲したものであることの証明書が必要だが、狩猟で捕獲した鳥獣であれば必要ない。
　　ウ．鳥獣の輸出に関しては規制があるが、輸入に関しては特に定めはない。

【問６】
『狩猟免許を受けることができない者』について、次の記述のうち正しいものはどれか。
　　ア．日本国籍を持たない者は、狩猟免許試験を受験することができない。
　　イ．第一種銃猟、第二種銃猟は20歳に満たないもの。網猟免許、わな猟免許は18歳に満たない者は、狩猟免許試験を受験することができない。
　　ウ．狩猟免許を取り消された者は、以降、狩猟免許試験を受けることができない。

【問７】
『捕獲の許可』について、次の記述のうち正しいものはどれか。
　　ア．有害鳥獣捕獲の捕獲許可は、実際に被害にあっている個人・法人だけでなく、市町村の鳥獣被害対策実施隊に所属している者でも受けることができる。
　　イ．許可による捕獲は、農林水産、または生態系に対する被害防止を目的とした場合に限られる。
　　ウ．許可権者は環境大臣のみである。

【問８】
「鳥獣の保護及び管理並びに狩猟の適正化に関する法律」の『概要』について、次の記述のうち適切なものはどれか。
　　ア．国内に生息する野生生物（哺乳類、鳥類、爬虫類、両生類、魚類等）の保護、管理および狩猟採取に関する制度が定められている
　　イ．鳥獣の捕獲等の規制をはじめ、鳥獣保護区や特定猟具使用禁止、狩猟免許、狩猟者登録などが定められている。
　　ウ．猟銃・空気銃の所持許可に関する制度について定めている。

【問9】

『猟区』についての次の記述のうち、適切なものはどれか。

　　ア．放鳥獣猟区で狩猟をするためには「放鳥獣猟区のみ」で狩猟者登録の申請を行わなければならない。

　　イ．猟区（放鳥獣猟区を含む）で狩猟をする場合は、猟区設定者の承諾を得るとともに、入猟承認料を支払わなければならない。

　　ウ．「猟区」とは狩猟ができる区域のことを指し、鳥獣保護区や公道、墓地などの狩猟ができない場所を除いた地域を指す。

【問１０】

『狩猟者記章』について、次の記述のうち正しいものはどれか。

　　ア．狩猟者記章は衣服または帽子の見やすい場所に着用しなければならない

　　イ．狩猟者記章は着用しなければならないが、どこに着用するかまでは定めはないので、狩猟者登録証と合わせて携帯しておけばよい。

　　ウ．狩猟中は狩猟者登録証を携帯しておく必要はあるが、狩猟者記章は携帯しておく必要はない。

【問１１】

『狩猟者登録制度』について、次の記述のうち正しいものはどれか。

　　ア．狩猟免許を受けた者は、住所地の都道府県知事に狩猟者登録を行うことにより、全国どこの都道府県でも狩猟を行うことができる。

　　イ．狩猟免許を受けた者は全国どこの都道府県でも狩猟ができるが、狩猟後に都道府県知事に狩猟者登録を行わなければならない。

　　ウ．狩猟者登録制度の主な目的は、鳥獣の保護繁殖をはかるため、各都道府県で狩猟者の入り込み数等を調整をするため、などがある。

【問１２】

『狩猟免許の更新』について、次の記述のうち正しいものはどれか。

　　ア．法令で定める「やむおえない事情」で狩猟免許が更新できなかった場合、その事情がなくなってから１カ月以内であれば、狩猟免許試験の知識試験および技能試験が免除される。

　　イ．法令で定める「やむおえない事情」で狩猟免許が更新できなかった場合、その事情がなくなってから１カ月以内であれば、更新申請書を都道府県知事に提出し、適性検査に合格することで狩猟免許を更新することができる。

　　ウ．法令で定める「やむおえない事情」で狩猟免許が更新できなかった場合、その事情がなくなってから１カ月以内であれば、狩猟免許試験の適性検査に合格するこ

とで、狩猟免許を更新することができる。

【問１３】

『狩猟期間』ついて、次の記述のうち正しいものはどれか。

- ア．狩猟期間は、延長や短縮されることはない。
- イ．狩猟者登録時に「放鳥獣猟区のみ」を選択した場合、北海道以外では10月15日から3月15日までの５カ月間、猟区以外でも狩猟をすることができる。
- ウ．北海道では、１０月１日から翌年の１月３１日までの４カ月間である。なお、北海道の猟区においては、９月15日から翌年２月末日までの５カ月半である。

【問１４】 ※受験する狩猟免許試験に応じて、次のいずれかの間を選択してください。

（第一種選択） 散弾についての次の記述のうち、適切なものはどれか。

- ア．遠距離で散弾の命中精度を高めるためには、ライフリングが施された銃身で発射する必要がある。
- イ．散弾実包は、薬莢、装弾、ワッズ、火薬、雷管からできている。
- ウ．散弾の装弾量は、号数が大きくなるほど重くなる。

（第二種選択） 一般的に使用されている『空気銃の弾丸の口径』の種類を正しく示したものはどれか。

- ア．4.5ミリメートル、6.0ミリメートル、6.5ミリメートル
- イ．4.5ミリメートル、5.0ミリメートル、5.5ミリメートル
- ウ．2.5ミリメートル、3.0ミリメートル、3.5ミリメートル

【問１５】

『銃器の種類』を正しく示したものはどれか。

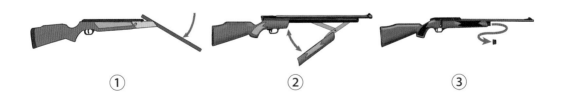

- ア．①ポンプ式空気銃　　②圧縮ガス式空気銃　　③スプリング式空気銃
- イ．①スプリング式空気銃　②ポンプ式空気銃　　③圧縮ガス銃
- ウ．①圧縮ガス式空気銃　②スプリング式空気銃　③ポンプ式空気銃

【問１６】
『装填数』について、次の記述のうち正しいものはどれか。

ア．散弾銃は、弾倉に３発、薬室に１発の合計４発まで、銃器内に弾を装填できる。

イ．ライフル銃は、弾倉に４発、薬室に１発の合計５発まで、銃器内に弾を装填できる。

ウ．空気銃の弾倉、薬室内に装填できる最大の弾数は、ライフル銃と同じ数である。

【問１７】
『空気銃の構造』について、次の記述のうち正しいものはどれか。

ア．空気銃の銃腔は、内面が平滑である。

イ．ポンプ式空気銃は、銃身を折ってスプリングを圧縮する方式である。

ウ．空気銃の銃腔は、内面にらせん状の溝（ライフリング）が切ってある。

【問１８】※受験する狩猟免許試験に応じて、次のいずれかの問を選択してください。
（第一種選択）『散弾の射程距離』について、次の記述のうち正しいものはどれか。

ア．「最大到達距離」は、殺傷能力の有無にかかわらず、発射された弾が最も遠くまで届いたときの飛距離のことをいう。

イ．「最大到達距離」は、発射された弾が、獲物を捕獲できる最も遠い距離のことをいう。

ウ．「最大到達距離」は、射角 35 〜 40 度で発射したときの飛距離のことをいう。

（第二種選択）『プリチャージ式空気銃』について、次の記述のうち正しいものはどれか。

ア．蓄圧室に充填された 200 気圧もの高圧空気を小出しにして空気銃弾を発射するため、1 回の空気充填で数十発は安定して撃つことができる。

イ．空気銃の構造の中では最もパワーが弱いため、空気銃弾の最大到達距離はせいぜい 200 m 程度である。

ウ．プリチャージ式空気銃の蓄圧室は交換式であり、再充填はできない。

【問１９】
『銃器の受渡し』について、次の記述のうち正しいものはどれか。

ア．脱包を確認し、銃床を相手側、銃口を自分側または上に向けて、両手で手渡す。

イ．実包が装填されていないことを確認し、銃口を相手に向けて両手で手渡す。

ウ．銃を他人に携帯させることは銃刀法上違反であり、これに例外はない。

【問２０】

『キツネ』について、次の記述のうち適切なものはどれか。

ア．日本には、北海道のキタキツネと、沖縄を除く全国に分布するキツネの２亜種が存在しており、キタキツネは非狩猟獣である。

イ．沖縄を除く全国に分布し、里山から高山、海岸、草原、農耕地など幅広い場所で見られる。

ウ．キツネは完全に肉食性の獣であり、植物質の物を採食することはない。

【問２１】

『ニュウナイスズメ』はどれか。

ア　　　　　　　　　イ　　　　　　　　　ウ

【問２２】

日本に生息している『鳥獣の種類』（ただし、ネズミ・モグラ類、海生哺乳類を除く）について、次の記述のうち正しいものはどれか。

ア．鳥類は 250 種以上、獣類は約 30 種

イ．鳥類は 850 種以上、獣類は約 130 種

ウ．鳥類は 550 種以上、獣類は約 80 種

【問２３】

『ヤマドリ』について、次の記述のうち適切なものはどれか。

ア．主に山地の比較的乾燥した林内に生息する。

イ．主に谷沿いの湿気の多い森林に生息する。

ウ．主に開けた草原に生息する。

【問２４】

『コジュケイ』について、次の記述のうち適切なものはどれか。

ア．北海道、沖縄を除く全国に生息するが、東北や北陸の雪の多い地方には少ない。

イ．九州に生息していた在来種であり、1950 年代に放鳥により、全国的に分布するようになった。

ウ．高山地帯に生息しており、人家近くに出没することは滅多にない。

【問２５】
鳥類の『特徴的な行動』について、次の記述のうち適切なものはどれか。
　　ア．カモ類は、体の寄生虫を落とすために砂浴びを行う。
　　イ．鳥の中には、砂や水の中に潜む餌を見つけるために、砂浴びや水浴びと呼ばれる
　　　　行動を行うことがある。
　　ウ．スズメは、寄生虫や病気を防ぐために砂浴びや水浴びを行う。

【問２６】
獣の『頭胴長』の測定位置を正しく示しているものはどれか。

【問２７】
「ノネコ・ノイヌ」について、次の記述のうち正しいものはどれか。
　　ア．野生化したネコ・イヌで、山野で自活している個体を指す。
　　イ．野生化したネコ・イヌで、人の手で餌をもらいながら生息する個体を指す。
　　ウ．いわゆる「野良猫」、「野良犬」のことであり、飼い主が不明のネコ・イヌを指す。

【問２８】
『イタチ・シベリアイタチ』について、次の記述のうちただしいものはどれか。
　　ア．イタチのメスは、オスよりも体が小さく、尻尾は頭長の半分よりも長い。
　　イ．シベリアイタチの尻尾は、体長の半分よりも長い。
　　ウ．イタチのメス、シベリアイタチのメスは非狩猟獣である。

【問２９】

「外来種問題」について、次の記述のうち正しいものはどれか。

　ア．狩猟鳥獣のうち、ヌートリア、ハクビシン、アライグマ、ミンクは特定外来生物に指定されている。

　イ．特定外来生物に指定されている鳥獣は、狩猟期間に関係なく自由に捕獲することが可能である。

　ウ．外来種の中で、在来種の駆逐や農林水産業被害などを引き起こす種は「特定外来生物」に指定され、狩猟鳥獣であったとしても飼育等や販売・譲渡は禁止されている。

【問３０】

「有害鳥獣捕獲」の考え方について、次の記述のうち正しいものはどれか。

　ア．農林水産物の被害が出ている場合、狩猟免許所持者であれば、狩猟期間外であっても自由に有害鳥獣の捕獲ができる。

　イ．有害鳥獣捕獲は、捕獲しようとする鳥獣の種類や捕獲場所等を、環境大臣あるいは都道府県知事、都道府県知事が権限を委譲している市町村においては市町村長の許可を受けることで実施することができる。

　ウ．農林水産業や生活環境に対して被害をもたらす野生鳥獣は人間にとって害悪であり、徹底した捕獲で根絶しなければならない。

予想模試試験3の回答

問1	ウ	問7	ア	問13	ウ	問19	ア	問25	ウ
問2	イ	問8	イ	問14	イ	問20	イ	問26	ウ
問3	ウ	問9	イ	問15	イ	問21	ア	問27	ア
問4	ア	問10	ア	問16	ウ	問22	ウ	問28	イ
問5	ア	問11	ウ	問17	ウ	問23	イ	問29	ウ
問6	イ	問12	ア	問18	ア	問24	ア	問30	イ

【問1】 ウ

（解説 ア）鳥獣法では、イエネズミと一部の海棲哺乳類を除き、すべての野生鳥獣が保護されています。

（解説 イ）狩猟免許は法定猟法（装薬銃、空気銃、網、わなを使用する方法）で〝狩猟を行う〟ためのライセンスであり、狩猟免許を所持しているからといって、野生鳥獣を自由に捕獲できるわけではありません。

Ⅱ狩猟に関する法令

2鳥獣の保護及び管理並びに狩猟の適正化に関する法律（鳥獣法）

（1）鳥獣法の概要　③対象となる野生鳥獣

【問2】 イ

（解説 ア）『はり網』はユキウサギ・ノウサギを捕獲する用途でのみ使用可能です。

（解説 ウ）とりもちは「狩猟鳥獣以外の鳥獣が捕獲された場合、無傷で解放するのが難しいため」等の理由で、全面的に使用が禁止されています。

Ⅱ狩猟に関する法令

2鳥獣の保護及び管理並びに狩猟の適正化に関する法律（鳥獣法）

（3）狩猟免許と猟具

【問3】 ウ

（解説 ア）捕獲報告では、捕獲時間までは報告する義務はありません。

（解説 イ）捕獲報告では、捕獲した場所まで報告しなければなりません。

Ⅱ狩猟に関する法令

2鳥獣の保護及び管理並びに狩猟の適正化に関する法律（鳥獣法）

（5）狩猟者登録制度　③登録証

【問4】 ア

（解説 イ）イヌに狩猟獣を追わせたり、狩猟鳥が飛び出したところを銃器によって狩猟する行為は問題ありません。

（解説 ウ）イヌの保護のため、やむ負えず法定猟法以外の猟法（例えばナイフで捕獲等を行う）場合は、本規制に違反することはなりません。

Ⅱ 狩猟に関する法令
2 鳥獣の保護及び管理並びに狩猟の適正化に関する法律（鳥獣法）
（14）犬のみによる猟

【問5】 ア

（解説 イ）環境省が定める鳥獣（規則第25号）には、狩猟鳥獣でもあるヤマドリ、タヌキ、キツネ、テン、イタチ、シベリアイタチ、アナグマが含まれています。

（解説 ウ）輸入しようとする場合でも、適法に捕獲したものであることの証明書や、輸出を許可したことの証明書が必要となります。

Ⅱ 狩猟に関する法令
2 鳥獣の保護及び管理並びに狩猟の適正化に関する法律（鳥獣法）
（11）鳥獣の捕獲許可等

【問6】 イ

（解説 ア）狩猟免許試験の欠格事由に、日本国籍の有無は関係ありません。

（解説 ウ）狩猟免許を取り消された日から3年を経過していれば、狩猟免許試験を受けることができます。

Ⅱ 狩猟に関する法令
2 鳥獣の保護及び管理並びに狩猟の適正化に関する法律（鳥獣法）
（3）狩猟免許と猟具　②狩猟免許を受けることができない者

【問7】 ア

（解説 イ）捕獲の許可は、農林水産業被害の防止だけでなく、学術研究や鳥獣の保護などの目的でも受けることができます。

（解説 ウ）許可の権限は、捕獲場所が国指定鳥獣保護区内や希少鳥獣の場合は環境大臣が、国指定鳥獣保護区以外であれば都道府県知事が有しています。有害鳥獣捕獲の目的では、都道府県知事が権限を市町村に委譲している場合もあり、この場合市町村長が許可の権限を有します。

Ⅱ 狩猟に関する法令
2 鳥獣の保護及び管理並びに狩猟の適正化に関する法律（鳥獣法）
（11）鳥獣の捕獲許可等　②捕獲の許可

【問8】 イ

（解説 ア）鳥獣法は国内に生息する野生哺乳類（イエネズミ3種、一部海棲哺乳類を除く）および鳥類を対象とした法律です。爬虫類や両生類等は対象ではありません。

（解説 ウ）猟銃・空気銃の所持許可制度を定めた法律は『銃砲刀剣類所持等取締法』（銃刀法）です。

Ⅱ 狩猟に関する法令
2 鳥獣の保護及び管理並びに狩猟の適正化に関する法律（鳥獣法）
（1）鳥獣法の概要　①鳥獣法の概要

【問9】 イ

（解説 ア）放鳥獣猟区で狩猟をする場合は「都道府県全域」で狩猟者登録を行っても狩猟できます。

（解説 ウ）猟区は、猟場の一部を区切って排他的に入猟者の数や入猟日などのコントロールを行う区域です。

【問10】 ア

（解説 イ）狩猟者記章は衣服または帽子の見やすい場所に着用する必要があります。

（解説 ウ）狩猟中は、狩猟者登録証の携帯と合わせて、狩猟者記章を装着します。

Ⅱ 狩猟に関する法令
2 鳥獣の保護及び管理並びに狩猟の適正化に関する法律（鳥獣法）
（5）狩猟者登録制度　③登録証

【問11】　ウ

（解説 ア）狩猟者登録は、狩猟を行う都道府県ごとに行わなければなりません。

（解説 イ）狩猟者登録は、狩猟を行う前に行い、あらかじめ狩猟者登録証と狩猟者記章
　　　　　の交付を受けなければなりません。

　　　Ⅱ狩猟に関する法令
　　　　2鳥獣の保護及び管理並びに狩猟の適正化に関する法律（鳥獣法）
　　　　（5）狩猟者登録制度　①登録制度の概要

【問12】　ア

（解説 イ）狩猟免許の有効期間が過ぎて失効となった場合、どのような理由があっても
　　　　　更新することはできません。しかし、「やむおえない事情」がやんで1カ月
　　　　　以内であれば、狩猟免許試験の適性検査に合格するだけで、狩猟免許を取得
　　　　　することができます。

（解説 ウ）狩猟免許を失効させた場合は、どのような理由があれ更新をすることはでき
　　　　　ません。

　　　Ⅱ狩猟に関する法令
　　　　2鳥獣の保護及び管理並びに狩猟の適正化に関する法律（鳥獣法）
　　　　（4）狩猟免許の効力等　②免許の更新

【問13】　ウ

（解説 ア）第二種特定鳥獣管理計画を策定している都道府県では、特定鳥獣の猟期が延
　　　　　長・短縮される場合があります。

（解説 イ）狩猟者登録時に「放鳥獣猟区のみ」を選択したとしても、猟区外での狩猟期
　　　　　間が延長されるわけではありません。

　　　Ⅱ狩猟に関する法令
　　　　2鳥獣の保護及び管理並びに狩猟の適正化に関する法律（鳥獣法）
　　　　（6）狩猟期間

【問14】 イ

第一種選択

（解説 ア）散弾はライフリングが施された銃身ではなく、銃腔内が平滑な銃身（スムーズボア）で発射します。

（解説 ウ）散弾の装弾量は「実包内に何グラムの弾が入っているか」を表しており、弾の大きさは関係ありません。例えば、装弾量「24グラム」であれば、3号弾でも7号弾でも入っている弾の量は共に24グラムです。ただし、3号弾の方が7号よりも一粒の直径は大きくなります。

Ⅳ猟具に関する知識

3―2実包 （2）実包のしくみと構造 ①散弾実包

第二種選択

（解説 ア・ウ）4.5mm、5.0mm、5.5mmが一般的です。なお、近年は6.35mm、7.62mmもよく用いられます。

Ⅳ猟具に関する知識

3―2実包 （2）実包のしくみと構造 ④空気銃弾

【問15】 イ

（解説 ア・ウ）①ブレイクバレルのスプリング式空気銃 ②ポンプ式空気銃 ③圧縮ガス圧式空気銃です。

Ⅳ猟具に関する知識

3―1銃器 （5）銃器の種類（機構による分類） ②空気銃

【問16】 ウ

第一種選択

（解説 ア）散弾銃に装填できる最大の弾数は、弾倉に2発、薬室に1発の計3発までです。

（解説 イ）ライフル銃に装填できる最大の弾数は、弾倉に5発、薬室に1発の計6発です。この数は空気銃も同じです。

Ⅳ猟具に関する知識

3―1銃器 （5）銃器の種類（機構による分類） 銃器の性能比較

【問17】 ウ

（解説 ア）空気銃の銃身は、らせん状の溝（ライフリング）が切ってあります。

（解説 イ）ポンプ式空気銃は、銃自体に取り付けられたレバーを複数回操作して、蓄圧室に空気を貯める方式です。

Ⅳ猟具に関する知識
3—1銃器 （5）銃器の種類（機構による分類）

【問18】 ア

第一種選択

（解説 イ）獲物を捕獲できる最も遠い距離は「最大有効射程距離」といいます。

（解説 ウ）最大到達距離は、発射された弾が最も遠くまで飛んだ距離を指します。射角35～40度で弾を発射すると、最大到達距離は最も長くなりますが、これ自体を「最大到達距離」と呼ぶわけではありません。

Ⅳ猟具に関する知識
3—2実包 （3）実包の威力 ①射程距離

第二種選択

（解説 イ）プリチャージ式は他の機構に比べてはるかにパワーがあり、発射された空気銃弾は1km先まで届くこともあります。

（解説 ウ）プリチャージ式の小型ボンベ（エアシリンダー）には、ハンドポンプやエアタンクから空気を再充填できます。

Ⅳ猟具に関する知識
3—1銃器 （4）空気銃の構造

【問19】 ア

（解説 イ）銃を受け渡すときは、脱包を確認して、銃床を相手側に、銃口を自分または上空に向けて、両手で手渡します。

（解説 ウ）原則として銃を他人に携帯させることは禁止されていますが、川や崖を渡るといった緊急時では、例外として認められています。

Ⅵ狩猟の実施方法
6銃器の操作方法 （7）やむを得ず銃器の受け渡しを行う場合

【問20】 イ

（解説 ア）北海道に生息するキタキツネと、それ以外に生息するキツネ（ホンドギツネ）は、ともにキツネの亜種であり、狩猟獣です。

（解説 ウ）キツネは肉食性の強い獣ですが、植物質の物も食べます。

Ⅲ鳥獣に関する知識
4各鳥獣の特徴等に関する解説 （2）狩猟獣類 ②キツネ

【問21】 ア

（解説 イ）ツグミ。目の周りに黒褐色線があります。大きさはスズメよりも大きいです。

（解説 ウ）スズメ。ほほに黒い斑点があるので特徴です。

Ⅲ鳥獣に関する知識
2鳥獣の判別 （1）判別一般 ②判別方法

【問22】 ウ

（解説 ア・イ）鳥類は約550種以上、獣類は約80種（ネズミ・モグラ類、海生哺乳類を除く）が生息しています。

Ⅲ鳥獣に関する知識
1鳥獣に関する一般知識 （2）本邦産鳥獣種数

【問23】 イ

（解説 ア・ウ）ヤマドリは谷沿いの湿気の多い森林に生息しています。

Ⅲ鳥獣に関する知識
4各鳥獣の特徴等に関する解説 （1）狩猟鳥類 ⑭ヤマドリ

【問24】 ア

（解説 イ）コジュケイは中国原産の外来種で、1950年代に放鳥により、全国的に分布するようになりました。

（解説 ウ）主に人家付近の竹薮や雑木林に生息しています。

Ⅲ鳥獣に関する知識
4各鳥獣の特徴等に関する解説 （1）狩猟鳥類 ⑯コジュケイ

【問25】 ウ

（解説 ア）カモなどの水鳥は、砂浴びをすることはありません。

（解説 イ）鳥の砂浴び・水浴びは、羽についている寄生虫を落とすための習性だといわれています。

> Ⅲ鳥獣に関する知識
> 　3鳥獣の生態等　（1）行動特性　②動作の特徴

【問26】 ウ

（解説ア・イ）獣の頭胴長は、鼻の先（吻端）から肛門までの長さが使われます。肛門から尻尾の長さは「尾長」と呼びます。

> Ⅲ鳥獣に関する知識
> 　2鳥獣の判別　（4）形

【問27】 ア

（解説 イ・ウ）ノイヌ・ノネコは、人間の手を借りず自身で野生鳥獣を捕獲して自活しているイエイヌ・イエネコです。人の手から餌をもらって生活する「野良犬」、「野良猫」とは異なります。

> Ⅲ鳥獣に関する知識
> 　1鳥獣に関する一般知識　（2）本邦産鳥獣種数　③野生鳥獣として

【問28】 イ

（解説 ア）イタチのメスはオスよりも体が小さいですが、尻尾はオスと同様に、頭胴長の半分以下です。

（解説ウ）シベリアイタチのメスは狩猟鳥獣です（ただし、長崎県対馬市の個体群は除く）。

> Ⅲ鳥獣に関する知識
> 　2鳥獣の判別　（2）体の大きさ　①大きさによる判別

【問29】 ウ

（解説 ア）ハクビシンは外来種とされていますが、特定外来生物には指定されていません。

（解説 イ）特定外来生物であっても、狩猟期間外に狩猟することはできません。捕獲が必要な場合は捕獲許可を受ける必要があります。

Ⅱ狩猟に関する法令

6特定外来生物による生態系等に係る被害の防止に関する法律

（外来生物法）

【問30】 イ

（解説 ア）狩猟期間外は、たとえ農林水産物に被害が出ているとしても、野生鳥獣を捕獲することはできません。捕獲が必要な場合は行政から「捕獲許可」を受ける必要があります。

（解説 ウ）野生鳥獣の種を根絶することは、別の種の絶滅や他の種の増加などの問題を連鎖させる危険性があり、「生物多様性の確保」という理念に反します。

Ⅴ鳥獣の管理

3有害鳥獣捕獲

●参考文献
・『狩猟読本』,（2023）,一般社団法人大日本猟友会
・『狩猟免許試験例題集』,（2021）,一般社団法人大日本猟友会
・『猟銃等講習会（初心者講習）考査 絶対合格テキスト＆予想模擬試験５回分【第６版】』,（2023）,猟銃等講習会初心者講習考査調査班
・『狩猟を仕事にするための本』,（2021）,東雲輝之,秀和システム

●イラスト・製作協力
・ゆきちまる　Twitter：@ Yukichimaru3
・江頭大樹
・株式会社チカト商会　https://chikatoshoukai.com/
・アンケート調査ご協力者様

本書サポートWebページ
https://www.shuwasystem.co.jp/support/7980html/6573.html

狩猟免許試験【第一種・二種銃猟】
絶対合格テキスト&予想模試3回分

| 発行日 | 2023年 9月30日 | 第1版第1刷 |
| | 2024年 8月25日 | 第1版第2刷 |

著　者　全国狩猟免許研究会

発行者　斉藤　和邦
発行所　株式会社　秀和システム
　　　　〒135-0016
　　　　東京都江東区東陽2-4-2　新宮ビル2F
　　　　Tel 03-6264-3105（販売）Fax 03-6264-3094
印刷所　三松堂印刷株式会社　　　　　　Printed in Japan

ISBN978-4-7980-6573-1 C0075